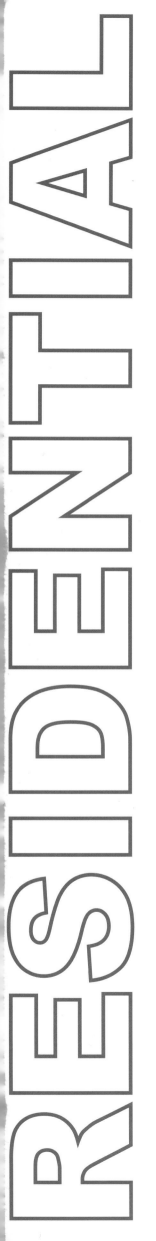

RESIDENTIAL

CCDI 悉地

住宅设计作品精选 II

中国城市出版社

· 北京 ·

Foreword
—— 序言 ——

好房子的记忆

赵晓钧　CCDI 悉地国际　总裁

我们花了很多时间，研究居住建筑的本质，无非"生活体验"而已。所有涵括在内的技术，所有延伸而出的手法，都由此来，随之去，或精练有序，或变幻无穷。我时常问起客户、朋友，以及公司里的建筑师们：什么样的住宅是好房子？大伙儿的答案各不相同，但是都会尽情地描述自己向往的那种生活体验。而正是这些关乎体验的种种诉求，构成了我们在居住领域不断创新的源源动力。CCDI悉地国际的工作成果既要帮助客户实现一个个成功的地产项目，更需要经得起亿万终端客户的检验，而且"检验期"长达七十年，足以构成人生大半辈子的记忆。常听人说：CCDI设计的楼盘卖得还不错！我想，每个CCDI人都会因此感受到一份喜悦和压力吧——看到工作室里堆满大大小小的住宅模型，看到一次又一次热火朝天的出图场景，看到反反复复的推敲和研讨会……可以明确地说，大家要做出好房子的意愿是很强烈的，而为之付出的辛劳，也成为许多设计师延续多年的体验。

近四年来，CCDI的居住业务又积累出一批值得业界分享的项目，实在是可喜可贺的一件事。这本全新的居住作品专辑凝聚着奋战在一线的建筑师和工程师们的心血，也从不同的侧面反映出当代人居环境的风格变迁和技术走向，可谓一份真诚而生动的记录。凭借每年超过六个亿的居住业务合同额，CCDI显然已经是全国住宅市场服务量最大的设计公司，在这更多的实践之中，我们逐渐体悟到每个成功的居住社区设计，都是一个针对特定环境、特定需求的精准解决方案——与其称之为作品，不如理解为扎扎实实的设计产品。在这本专辑之中，我们将CCDI的居住业务设定为六个明晰的产品方向，它们不仅代表着过去的某种沉淀，更代表着我们对未来细分市场的某些判断。

如此便引申出一个更有意义的话题：当面对一个足够成熟、足够细分的居住市场环境，CCDI悉地国际早已不再定位于某种风格或技术手段来吸引客户，而是凭借产品化的技术保障、体验式的服务价值，让客户通过CCDI丰富的经营线和产品线选择公司提供的各种资源，最终实现一个个恰如其分的解决方案。或者，用时髦的话说："总有一款适合您"。这是CCDI与国内许许多多在居住领域取得成功业绩的设计公司最大的不同之处，也可以看做CCDI近些年不断变革给客户带来的最大最直接的影响。我们无比坚定地认为，这种影响是我们所在行业的大势所趋。当这些风格迥异的崭新楼盘经过岁月的洗礼，承载着栖居者对生活、对环境、对空间数不清的美好回忆之时，好房子或是好产品，尽在不言中。

四年一瞬，无需太多感慨。此时此刻，祝贺CCDI这本全新居住专辑的出版，感谢为之倾心研究、精心编排的制作团队，也感谢许多客户的一再信任，成就了我们在这个领域的诸多探索。但愿多年以后，在CCDI悉地国际这个平台上，能有更多的新业务从零开始，做大做强，像居住业务一样，承载着人们越来越多的期待和记忆。

01 02 03 04
09 10 11 12 13 14

PREFACE
前言

　　自《CCDI住宅设计作品精选》第一辑2008年出版以来，可谓是中国住宅市场经历新一轮大发展与大调整的关键时期。四年时间里，CCDI悉地国际与众多优秀的客户紧密合作，完成了近500个项目，约合2 500万平方米的住宅设计。本书的出版不仅见证了CCDI悉地国际近年在住宅设计领域的研究与探索，也见证了CCDI悉地国际与客户，合作方共同面对市场变化，共同发展的历程。通过本书的出版进行回顾与总结，CCDI悉地国际将更好地理解和把握市场的需求，做好住宅产品的服务和管理，应对市场结构和开发模式向多元格局的快速转变，为设计行业的发展做一点贡献。

　　在过去的四年里，外部环境、相关行业的变革趋势、发展要素发生了明显的变化：

　　• 从土地制度改革来看，仅靠地价上涨推动房价上涨的时代将要结束；劳动力成本不断提升，控制成本与加快开发速度的矛盾越来越凸显，为住宅工业化发展提供了内在动力；生活和居住模式不断确立，不同人群在物业类型、居住环境、交通条件、配套设施等方面的选择上越来越明确和成体。

　　• 从市场结构来看，国家对于房地产业的调控从简单的价格打压逐步转向结构调整，商品房+保障房的双轨制成为中国住宅产业的未来发展方向。

　　• 从发展格局来看，城市经济带的发展，促进了二三线及四线城市的迅猛崛起，逐渐抢走一线城市在住宅市场的戏份。2009年CCDI居住业务在三四线城市的合同额为1.91亿元，2010年增加至2.53亿元，而2011年这一数字已达到3.32亿元，占居住业务当年完成额一半左右。

　　• 从产品布局来看，以城市内的轨道交通和城市间的快速交通为载体，各城市以线形、网状的组合方式，形成了核心城市发展高档房和保障房解决高、低两端人群居住需求，周边城镇填补中端的住宅市场的层级配比。

　　• 从物业类型来看，城市综合体快速发展，满足了城市中心区高复合、高密度的再开发需求，达到了企业、政府和市场的共赢，同时，旅游地产、老年住宅等成为新的开发热点。

　　下一轮次，中国住宅产业将从开发模式和市场结构上发生根本性的改变。住宅产业已显示出了规模化、专业化、精细化的发展趋势；呈现出两个主要发展方向，一个是工厂化、标准化的发展方向，另一个则是高档化、个性化的发展方向。就住宅产品而言，则呈现出以下六个动向：

　　• 项目开发呈现规模化、大盘化、分期减少、周转加快的趋势。大型社区、超大型社区成为CCDI居住业务比重较大的产品类型。2009年-2011年，建筑面积40万平方米以上规模的项目在所有居住项目中占比为29.8%，对应的合同额占比为34.5%。不分期的项目在各年都占到全部项目数的九成以上，2011年上半年不分期项目的合同额占比也首次超过了90%。

　　• 土地开发强度明显提升，项目容积率不断提高，高层乃至超高层成为住宅建筑的主要形态。CCDI悉地国际的合同数据也印证了这一点。2009年-2011年，CCDI居住项目的平均容积率分别为2.61、2.92和3.20，有明显上升的趋势。这三年高层与超高层项目的合同额占当年全部合同额的比值均在50%以上。

　　• 项目功能呈现高复合化趋势。除了典型商业型的城市综合体之外，目前住宅市场上仅按国家要求的居住区功能配套项目已适应不了市场需求，越来越多的普通住宅项目也融入了商业、文化、办公、酒店等功能。即使是保障房也大都配备社区大堂、会所、开放式商业街区，称之为城市综

CCDI 居住事业部 研究中心

合体概念的社区。

• 高/低搭配的项目增多。与以往的建筑高度组合方式不同，别墅/花园洋房＋高层建筑的形式被市场接受和采用。这种方式在满足容积率要求的同时，丰富了产品形态，容易形成社区个性，满足不同类型住户的居住需求，相对容易实现社区服务、商业、景观、交通等资源的共享。

• 高档住宅未来发展空间大。尽管此轮调控中高档住宅市场受政策打压明显，但随着住宅市场双轨制的逐步形成，高档住宅的需求将得以释放，市场发展空间广阔。上海洛克菲勒外滩源和北京昆仑公寓两个项目，拥有无可比拟的地理位置和历史人文遗产，成为了天生的豪宅。北京紫玉山庄利用天然森林般的绿色氛围，为居住者提供了一种与都市截然不同的生活环境。

• 产品设计的全过程服务越来越多。从发展咨询、建筑设计、建设管理到工程顾问的专业能力，扩展到规划、建筑设计、室内设计、景观设计、标示设计、机电结构、智能化设计、灯光设计、物业管理、市政设计等的服务范围。简言之，"全装修房"取代"毛坯房"进入市场。

针对住宅市场未来的发展动向，我们将积极采取如下的应对措施：

• 对当前和未来市场，根据客户诉求进行细分，满足不同类型的需求，寻求符合市场需求的新产品。通过全国化布局，实现对市场的全面覆盖。

• 实施产品管理。通过丰富、完善的产品线，提供专业的技术服务。继续发挥在住宅领域中拥有的大型社区、超高层住宅、都市豪宅等多条成熟产品线的优势，提供办公商业酒店建筑、体育建筑、医疗建筑等多个业务领域的综合服务能力。

• 加强风险管理。不断完善内控制度、规范企业运作，提供更加周全完备的服务；以量化数字化的管理理念促进管理工作的高效化、精细化。通过有效的项目管理，保证质量，提高效率，适应较短的设计周期，实现资源的合理配置和能力的充分发挥。

• 发展BIM技术，促进精细化管理，提高设计质量和效率。项目中普及运用形体推敲、各专业信息模型、图纸错误检查、专业间碰撞检查、项目工程量统计、建筑性能分析等技术。

通过知识管理平台实现技术沉淀与研发创新并举。CCDI悉地国际对住宅设计可复制性的理解是深刻用心的，持续做了大量的工作。随着各资源团队在全国范围内各线城市的业务拓展，需要建立协同共享的知识信息管理平台。通过企业内外部定制、购买的方式来进行产品的沉淀和研发，完成产品的替代和超越，也是维护品牌美誉度的重要手段。

• 将更多的现代科技元素融入建筑风格，适应简约、时尚、精久的潮流。推广框架外柱＋无梁厚楼板的结构形式，代替墙板混凝土结构形式。该结构形式适合规模化的快速施工，有利于住宅内部空间灵活划分，提供了未来改造的可能并延长了使用寿命；对墙体的热工保温和防雨结露性能的改善，提供有效的结构和构造措施保证，成为绿色低碳的重要途径。

最后，谨以此书献给CCDI悉地国际卓越的建筑师和工程师们，这些作品凝聚着集体的智慧，处处体现着CCDI人对建筑的理解、对生活的思考和职业的精神。真切期望在今后的岁月里，CCDI的居住业务能伴随行业和企业共同成长，为客户创造更大的价值，成就每个人的高品质快乐生活。

CONTENTS 目录

008
超高层住宅
Ultra High-rise Residence

036
都市豪宅
Urban Luxury Residence

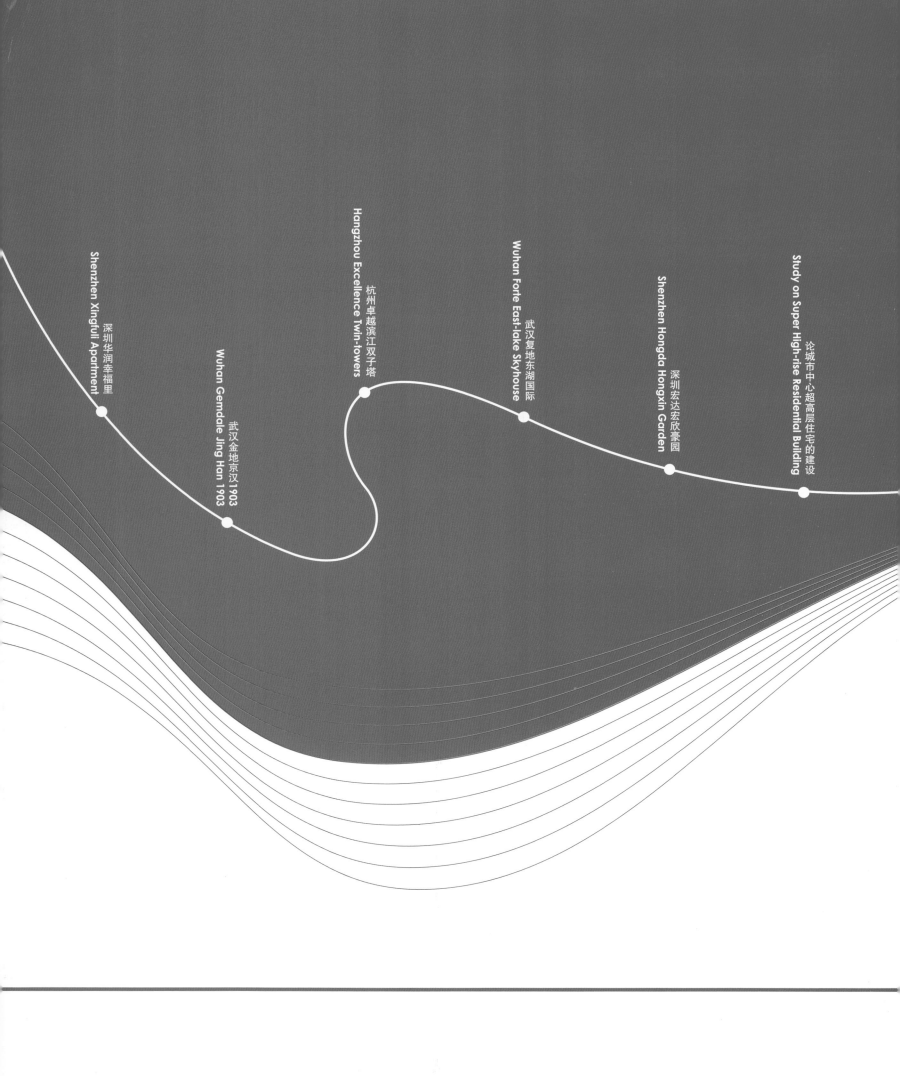

论城市中心超高层住宅的建设
Study on Super High-rise Residential Building

深圳宏达宏欣豪园
Shenzhen Hongda Hongxin Garden

武汉复地东湖国际
Wuhan Forte East-lake Skyhouse

杭州卓越滨江双子塔
Hangzhou Excellence Twin-towers

武汉金地京汉1903
Wuhan Gemdale Jing Han 1903

深圳华润幸福里
Shenzhen Xingfuli Apartment

超高层住宅
Ultra High-rise Residence

在土地稀缺性日益增强的市场条件下，超高层住宅因为能够提高土地利用率，创造更多的土地溢价而日益获得国内开发商的青睐。随着相关技术条件的成熟，以及当代中国居住哲学和文化的变化，超高层住宅的开发量逐渐增多，不仅在一线城市，近年来甚至在二三线城市也出现了"井喷"。

CCDI长期致力于超高层建筑的实践与研究，并于近年承接了数十个超高层住宅项目的设计工作。多年的项目实践和丰富的技术积淀使CCDI能够完美解决超高层住宅的技术难题，使超高层住宅兼具住宅建筑的功能实用性以及地标建筑的个性与标志性。CCDI用技术高度匹配建筑高度，构筑美好的城市生活新高度。

深圳华润幸福里

Shenzhen Xingfuli Apartment

项目信息:
总用地面积: 41 000m²
综合体总建筑面积: 271 000m²
容积率: 4.5
住宅建筑面积: 102 000m²
住宅建筑层数: 49
建筑高度: 160m
住宅总户数: 750
建筑密度: 37%
合作设计: RTKL
设计/竣工: 2005 / 2009
开发单位: 华润置地
项目地址: 深圳市罗湖区

CREDITS
Total Site Area: 41,000m²
Total Gross Floor Area: 271,000m²
Floor Area Ratio: 4.5
Residential Floor Area: 102,000m²
Building Floors: 49
Building Height: 160m
Gross Unit Number: 750
Building Density: 37%
Collaboration Design: RTKL
Design/Completion: 2005 / 2009
Developer:
China Resources Land Limited
Project Location:
Luohu District, Shenzhen

在当代中国城市化进程中，伴随着土地资源的稀缺和生活节奏的加快，"现代都市豪宅"颠覆了以往的豪宅概念，逐渐演化为都市中心区域、高档次高标准居住场所形象。深圳华润幸福里住宅项目与华润万象城、君悦酒店这两座高层建筑毗邻，位处临街三角形基地。为了满足华润置地对于高容积率开发的要求，同时又要将整个项目打造成闹市中的精品住宅典范，建筑师选择了"竖向生长"的模式，让住宅与毗邻的万象城商业集群和奢华的君悦酒店相互嵌套，在紧凑的用地限制下共同支撑起深圳南部的雄伟天际线，同时又尽可能为住宅区域留出较多的景观绿化空间，并使其与商业、酒店空间发生紧密的联系。

幸福里由三座49层的超高层住宅组成。在造型上，双L型的楼体充分地发挥了视野、方位及布局的优势；笔直的竖向线条和几何体形式的切口与区隔使得住户能享受到更多的日照；简洁典雅的建筑表皮通过精良的施工工艺而显得内敛大气，符合了开发单位对入住人群作为"都市新贵"的身份判断；公共空间的景观设计采用"闹中取静"的手法，仅以一条步道连接着幸福里与外部的商业空间，让幸福里与外部若即若离，既保障私密又不失便捷。在住宅区内部的景观区块，设计师以弧形消解了楼体的几何线条所带来的刚硬感觉，并且安排了不少的休闲娱乐项目，除了住户以外商业体的使用人员也参与到这块公共空间中来，将封闭式的"私人绿地"改变为半开放的公园，为社区带来了活力。

01. 总体区位鸟瞰
02. 住宅近景

01

06   07

作为中国当代最为知名的城市综合体项目的一部分，幸福里与毗邻的万象城
商业集群和奢华的君悦酒店和谐相融，共同支撑起深圳南部的新天际线 ——

08

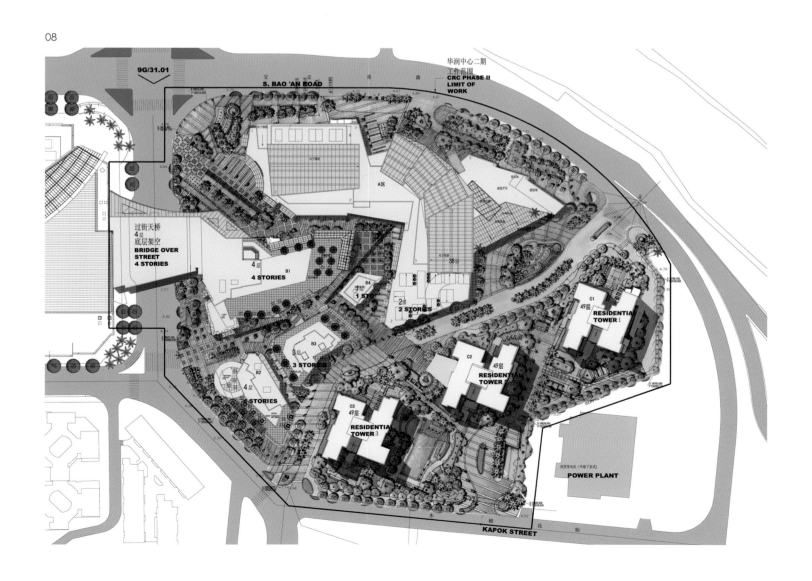

09

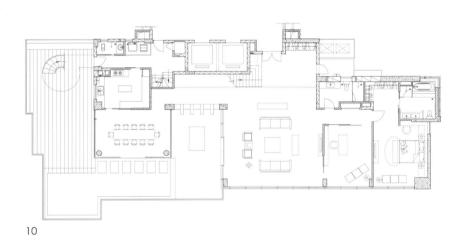

10

12

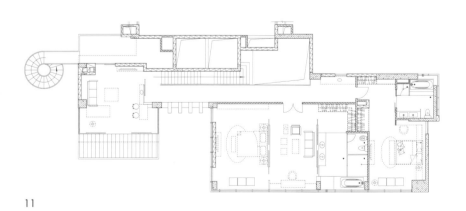

11

13

幸福里的室内设计也延续了建筑所具有的气质，以开阔、通透、华贵作为主要风格。在顶层的复式奢华户型中，建筑师别具匠心地安排了一条情景画廊，供主人展示其艺术收藏。当然，最为令人神往之处在于幸福里与众不同的自然景观：临窗远眺，青山隐隐，正如张爱玲在其一篇文章中所言："公寓是最合理想的逃世场所。厌倦了大都会的人们记挂着和平幽静的乡村，盼望有一天告老归田，养蜂种菜，享点清福，殊不知在乡下多买半斤腊肉，便要引起许多闲言闲语，而在公寓房子的最上层，你就是站在窗前换衣服也不妨事。"亦所谓"大隐隐于市"——身处闹市，竟可逸于高处，看尽城市喧哗，独享一份宁静——华润幸福里正是这样的居所。

14

15
16

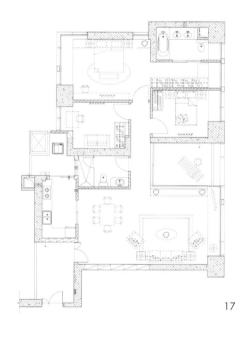

17

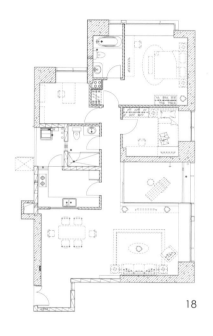

18

19

武汉金地京汉1903

Wuhan Gemdale Jing Han 1903

项目信息：

总用地面积：14 800m²
总建筑面积：90 000m²
容积率：4.8
总户数：500
建筑密度：42%
建筑层数：48、49
建筑高度：158m
设计/竣工：2009 / 2012
开发单位：金地集团
项目地址：武汉市江岸区

CREDITS

Site Area: 14,800m²
Gross Floor Area: 90,000m²
Floor Area Ratio: 4.8
Gross Unit Number: 500
Coverage Ratio: 42%
Building Floors: 48, 49
Building Height: 158m
Design/Completion: 2009 / 2012
Developer: Gemdale Group
Project Location:
Jiang'an District, Wuhan

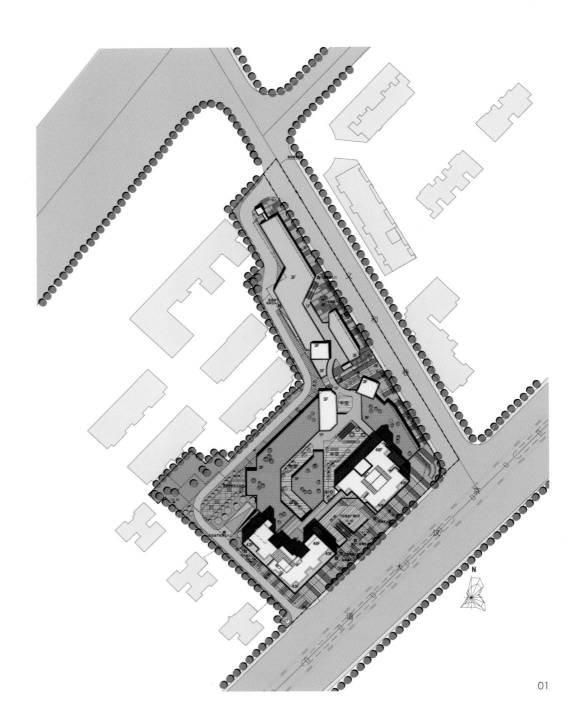

01

01. 总平面图
02. 鸟瞰图

本项目处于武汉市旧城区，与两条主要商业街中山大道和江汉路相隔未远，且与建成轻轨站大智路站近在咫尺，地理位置优越。出于对区位和周边商业环境的整体考量，项目定位于集居住、娱乐和文化为一体的复合型城市中央区域，旨在增强城市活力及竞争力，为市民创造出一个商业、娱乐、休闲的环境，从而使此项目成为该区域的地标性建筑。

项目由两座分别为48层及49层的塔楼组成，完备的配置以及大片的绿地体现了竖向和谐发展的人居理念。建筑临京汉大道而起，底部两层裙房作为商业空间，一直延伸至基地北面。商业入口与住宅入口相分离，以下沉式广场引导人流进入地下商业空间，或由地面层沿扶梯进入首层及二层商业空间。商业地带中两条走廊穿插在

两边琳琅满目的店面之间，以内街的形式从南至北蜿蜒而过。裙房顶部大片面积设屋顶绿化，既增添了高层居民的观赏情趣，又以绿色节能的手段增强了商业空间的屋顶隔热能率。

项目本身的亮点之一为裙房的屋顶绿化空间。连接起两座塔楼并延伸至基地北面的裙楼顶部空间约5 400m²，其中二分之一以上（2 930m²）被绿化覆盖，这片绿化成为商业空间与居住空间的共享空间，同样也是城市中心的稀缺景观资源。所有住户从住宅独享的一层住户大堂由升降机到达裙房屋顶绿化空间，再进入每幢的入户大堂。绿化空间将商业的熙攘隔绝于外，提高了整体的居住品质，让高层住户享有更为丰富的视觉体验。除此之外，大范围铺装的裙房屋顶绿化，将节能融于美观之中，调节了商业空间

的气温和内环境，减少了商业空间由于人流往来形成的碳排放。

强调垂直线条是本设计重要特征之一，如竖向的窗带、竖向的装饰线条、阶梯状向上收缩的造型。三段式的立面构图和符号化的细部设计，使建筑整体呈现出强烈的Art Deco风格，在高耸挺拔之中凸显出严谨的秩序感。商业空间局部挑空，以两个开放中庭贯穿整个裙房，打破裙房大体量的沉闷，实现自然采光通风；住宅群房采用浅褐色花岗石，塔身部分采用中沙颗粒米黄色涂料，顶部通过颜色和线条表达钢构架的韵味。项目整体通过不同材料的拼贴与大面积玻璃幕墙的穿插，在古典序列中体现了时代感，提升了整块区域的活力与品质。

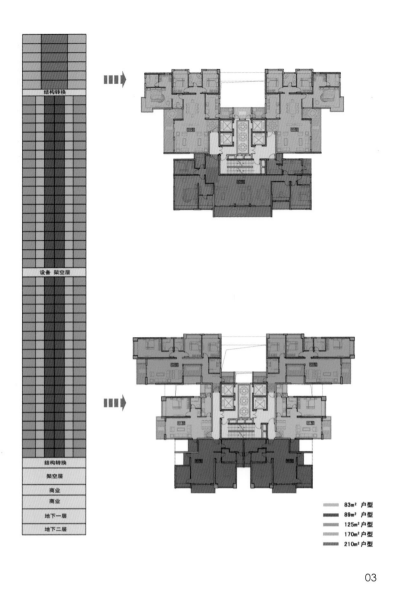

結構轉換
地下一層
結構轉換

設備 架空層

結構轉換
架空層
商業
商業
地下一層
地下二層

■ 83m² 户型
■ 89m² 户型
■ 125m² 户型
■ 170m² 户型
■ 210m² 户型

03

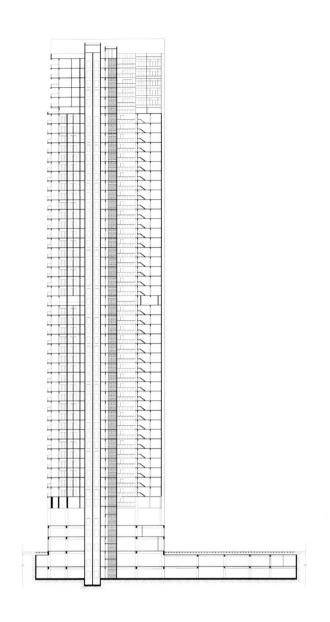

05

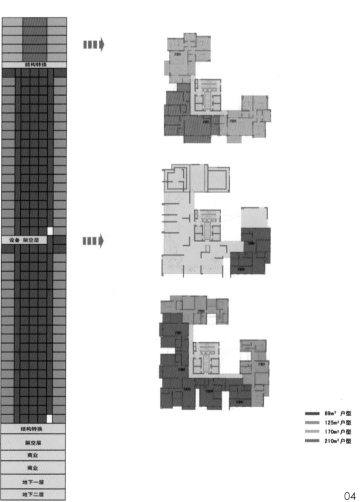

結構轉換

設備 架空層

結構轉換
架空層
商業
商業
地下一層
地下二層

■ 89m² 户型
■ 125m² 户型
■ 170m² 户型
■ 210m² 户型

04

03. B栋户型分布示意图
04. A栋户型分布示意图
05. A栋剖面图
06. A栋44-48层平面图
07. 街景效果图

06

三段式的立面构图和符号化的细部设计，使建筑整体呈现出强烈的
Art Deco风格，在高耸挺拔之中凸显出严谨的秩序感

杭州卓越滨江双子塔

Hangzhou Excellence Twin-towers

项目信息：
总用地面积：15 100m²
总建筑面积：204 000m²
容积率：10.5
总户数：480
建筑密度：35%
建筑层数：65
建筑高度：230m
设计/竣工：2011 / 2013
开发单位：卓越集团
项目地址：杭州滨江区

CREDITS
Site Area: 15,100m²
Gross Floor Area: 204,000m²
Floor Area Ratio: 10.5
Gross Unit Number: 480
Coverage Ratio: 35%
Building Floors: 65
Building Height: 230m
Design/Completion: 2011 / 2013
Developer: Excellence Group
Project Location:
Binjiang District, Hangzhou

本项目由230m酒店、办公、住宅及含商业和酒店配套服务的裙房组成。以打造钱塘江新地标，提升企业影响力为目标，依托钱塘江景，力求营造全江景视线，从而铸造酒店、办公、住宅、商业的高雅品质。设计在尊重杭州建筑文脉的前提下进行创新，满足建筑形象的优雅、秀美，做到建筑与环境和谐统一。

基地布局紧凑，地面以上的3栋塔楼中，两座230m高的塔楼均为65层，矗立于基地的东南侧及北侧，其下部为办公，上部缩进成为住宅；塔楼之间96m高的塔楼为酒店，21层，位于两座高塔之间。塔楼下有4层裙房，为酒店配套、商业、展厅等用途。裙房首层架空大堂将办公、住宅、酒店的出入口聚集于一处，方便各个功能区域之间的沟通联系之外，也解决了交通、景观、绿化之间的交流关系。同时，在塔楼外侧有住宅专用入口，方便居民能直接进入住宅层。

建筑外立面以幕墙为主，包括玻璃、石材、金属幕墙等形式。纯净统一的材质运用，与纵横交错中产生的肌理变化，使得建筑体璀璨夺目，具有强烈的个性和可辨识度，在高速发展的滨江地区，以现代、时尚、高雅的气质与其他拔地而起的高层建筑区分开来。

本案通过横向与纵向绿化设计手法打造立体式绿化景观体系，尤其是先进的屋顶绿化体系也被充分应用于本案中。自然绿化如今不再仅限于地表，设计师结合了当代景观设计理念与低碳环保知识，使人们在高空中也能享受到自然绿化。

有限的用地面积、竖向发展的趋势，在大量人流涌入的情况下，超高层建筑成为城市高速发展的标志。绿色和自然成为生活在钢铁森林的人们亟需的精神养料。屋顶绿化、垂直绿化等景观设计方法应运而生。在设计师与大众对生活品质的热切渴望与不断摸索下，"城市，让生活更美好"也许不只是一句口号。

01

01. 总平面图
02. 鸟瞰图

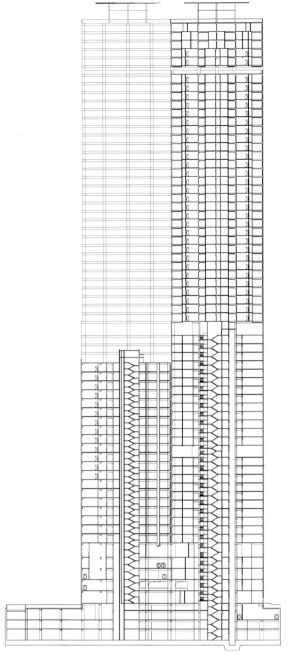

03

05

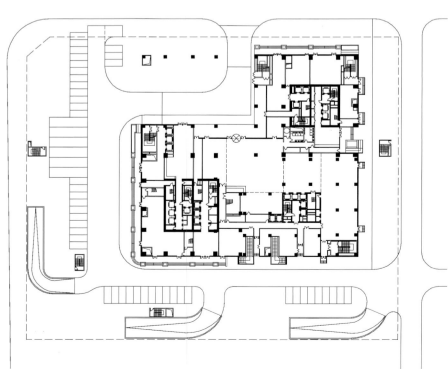

04

06

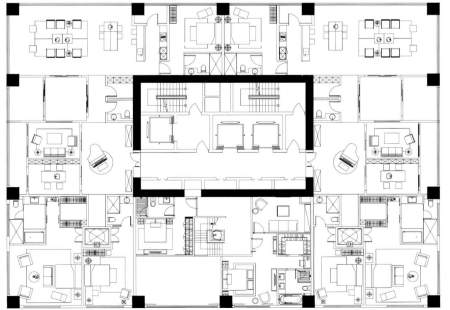

07

纯净统一的材质运用，
　　与纵横交错中产生的肌理变化，
使得建筑体璀璨夺目，
　　具有强烈的个性和可辨识度

武汉复地东湖国际

Wuhan Forte East-lake Skyhouse

项目信息：

总用地面积：77 500m²
总建筑面积：190 000m²
容积率：1.8
总户数：1 096
建筑密度：19%
建筑最高层数：55层
建筑高度：170m
设计/竣工：2009 / 2012
开发单位：复地集团
项目地址：武汉市武昌区

CREDITS

Site Area: 77,500m²
Gross Floor Area: 190,000m²
Floor Area Ratio: 1.8
Gross Unit Number: 1,096
Coverage Ratio: 19%
Building Floors: 55
Building Height: 170m
Design/Completion: 2009 / 2012
Developer: Forte Group
Project Location:
Wuchang District, Wuhan

02

01

01. 街景效果图
02. 鸟瞰图

东湖国际为原武重厂区旧址, 毗邻原厂区原生绿化带, 与南侧商业区域的生态湖面共同形成城市中的绿洲, 在寸土寸金的武汉中心区域, 将景观价值进行提升, 塑造了良好的居住环境和居住品质。

项目由1栋55层超高层、4栋33层高层住宅, 2栋32层高层住宅, 14栋4层叠拼住宅与公共配套建筑及设施组成。建筑师在规划和具体建筑设计过程中, 保留了基地中的文化与资源, 并且进行重新整合, 使得本案得以符合当代人的高端居住要求。

本案面临曾经承载着城市工业文明历史的一处工业遗存, 因此, 如何保留城市传统工业文明的记忆, 在住区开发中尊重场所精神, 以现代的方式延展工业文明的脉络, 体现现代人居的使用功能、精神气质和审美情趣是需要认真对待和深入研究的课题。建筑师选择将老厂区打造为城市化的开放空间, 并且与社区生活有机结合起来, 并将地块公共空间对城市开放, 在地块和城市之间产生活跃的界面空间。

对于烟囱、铁轨等遗存的完整工业构筑物, 并不赋予其特定的使用功能, 通过微移或原地保留, 突出住区历史文化特质与氛围, 并且

04

05

对于烟囱、铁轨等遗存的完整工业构筑物，并不赋予其特定的使用功能，
通过微移或原地保留，突出住区历史文化特质与氛围

06

07

08

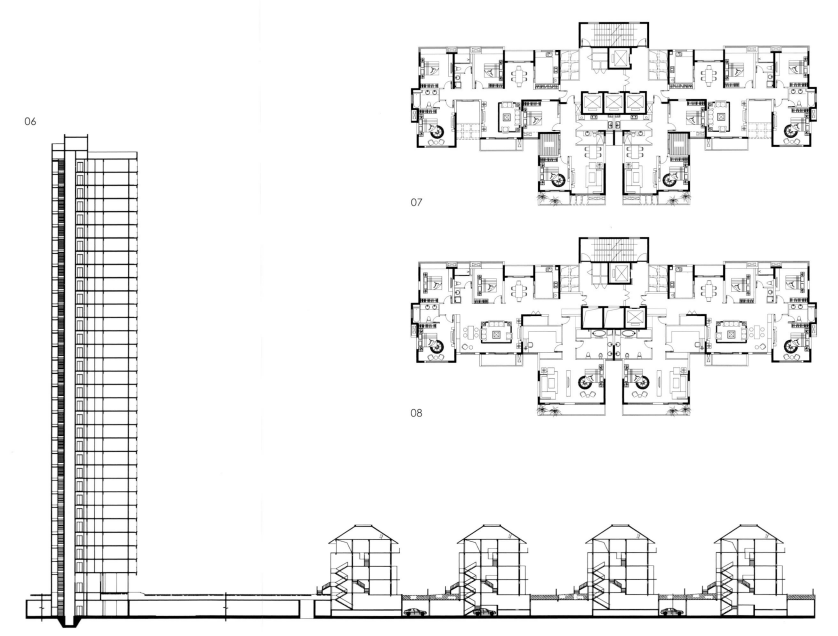

与新建的建筑物进行糅合；而其它一些片断性的元素，比如结构和装饰构件，在整体或部分保留并继续使用的基础上，赋予它们全新的功能涵义。

本案单体建筑设计在空间尺度和整体意境上，充分汲取了厂区原有工业建筑的主要特征元素，建筑外墙以砖红色清水砖墙打造，只在局部添加了部分现代元素加以创新和点缀。部分厂房或办公建筑适当点缀素混凝土淡雅的色调，形成简洁明快的建筑立面。

半架空的停车设计是本案的又一特色。首先，在住宅的入户层平面，宅前屋后将不会出现嘈杂的车行道，为更大程度的人车分流提供了可能；其次，半架空的设计可以节省一部分地下室土方开挖、基坑维护、底板及基础结构扛浮设计等几方面的成本。半架空设计在边界处形成自然高差，将增加社区场地标高，保证内部场地的独立与私密。而那座被誉为Skyhouse的超高层住宅，更是将单套住宅内与外的界限再一次打破。身居150m的高空，室外泳池与东湖水面氤氲相连。在手可摘星的峰巅、在浩渺无边的湖侧，恍惚间，似可体会到苏子一阕《水调歌头》的意境，揽月入怀、凌虚踏波、飘然而去。

09

10

11

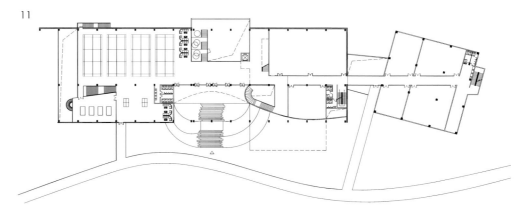

深圳宏达宏欣豪园

Shenzhen Hongda Hongxin Garden

项目信息：
总用地面积: 12 000m²
总建筑面积: 137 500m²
容积率: 9.0
总户数: 1 058
建筑密度: 21%
建筑层数: 45
建筑高度: 148m
设计/竣工: 2010 / 2012
开发单位: 宏达集团
项目地址: 深圳市福田区

CREDITS
Site Area: 12,000m²
Gross Floor Area: 137,500m²
Floor Area Ratio: 9.0
Gross Unit Number: 1,058
Coverage Ratio: 21%
Building Floors: 45
Building Height: 148m
Design/Completion: 2010 / 2012
Developer:
Hongda Group
Project Location:
Futian District, Shenzhen

01

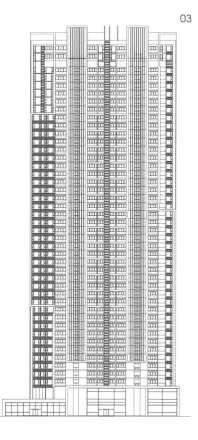

02   03

01. 鸟瞰图
02. AB幢立面图
03. CD幢立面图
04. 沿街夜景效果图

05

本项目有绿地和成熟住宅小区毗邻,使得本身具有浓厚的居住氛围。然而,基地东南面为100m高的南方国际广场,与南面的两幢18层大厦都被本项目的日照遮挡。由于住宅区对日照有较高的要求,故而这些会造成日照遮挡的不利条件成为本项目亟需解决的问题。除此以外,东面紧邻的污水处理厂也为小区的高贵品质提出不小的挑战。

本项目在规划布局上充分回避周边的不利因素,将小区人行主入口设置在用地的南面,车行入口布置在东面、西面和东北面。道路合理的分组处理,形成清晰明了的区内车行交通体系,进入地下室的车道与人行道路截然分开。人行流线在平台上层,机动车流线在平台下外围道路上,商业人流沿平台外围展开,与住户流线互不干扰。在基地狭小、容积率高的挑战下,最大限度满足日照要求,同时争取最佳朝向和对体量立面效果的控制,做到档次清晰,产品均好。

建筑立面简洁大方,线条纵横形成格子样式,减少了超高层建筑的巨大体量感,增添了建筑表面的韵律感。平面功能搭配合理,提高了空间利用效率。同时通过束筒结构减少结构转换,降低造价。落地窗外设计花池或挑板,减少超高层视线的畏惧感;运用双层玻璃的立面外墙为最高档的豪宅创造顶级的居住品质,既能满足遮阳、节能,又能调节气流。

小区景观设计注重公共性,从多层次角度结合住宅塔楼的景观面,塑造立体式小区景观。中央花园位于裙楼顶,通过三座五个单元的围合形成小区内部的景观空间,通过和小区周边城市绿地的融合以及内部空间的渗透,形成独具特色的景观庭院。住宅首层架空,作为中央花园景观的延续,将大堂以及部分会所容纳其中。

与普通高度住宅相比,超高层住宅具有强烈的标志性和可识别性,是城市高档住宅在未来的趋势之一

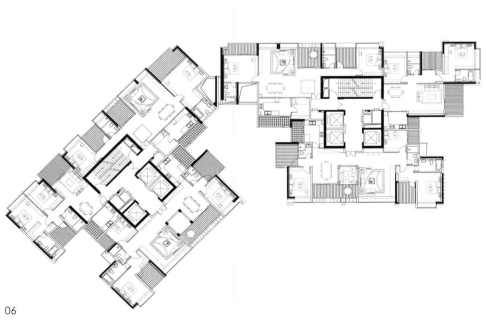

06

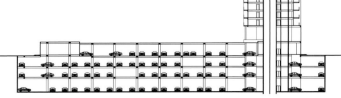

07

图 例
LEGEND

1 住宅塔楼 Residential Tower
2 裙楼商业 Podium Commercia
3 花园平台 Platfrom
4 车行主入口 Vehicle Main Entry
5 消防紧急出入口 Emergency Exits
6 人行主入口 Pedestrian Main Entry
7 停车库出入口 Entry to Carpark
8 地面停车场 Carpark
9 社区广场 Community Plaza
10 政府预留用地 Reserve Land
11 滨河大道益田路立交桥 Highway Crossroads
12 滨河路污水泵站 Sewerage Pumping Station
13 露天泳池 Outdoor Swimming Pool
14 平台景观水景 Terrace Water Feature

0 10 20 30 40m

08

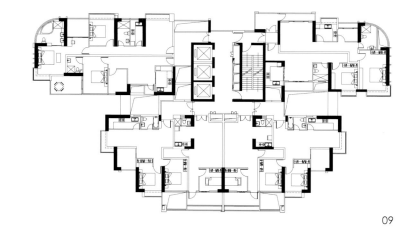

09

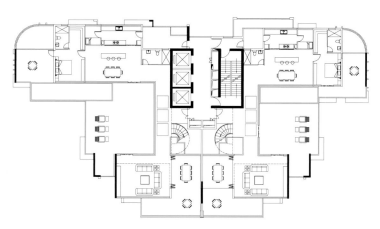

10

11

Study on Super High-rise Residential Building

论城市中心超高层住宅的建设 ——————————

一、 建设超高层住宅的必要性

中国城市化的进程已经进入到高速发展的阶段，在未来的20年中城市人口将从现有的35%达到惊人的65%。然而现在的城市却没有做好充足的准备，不论是土地供给，还是社会资源。城市的快速扩容，使传统意义上的近郊农村也变成了城市的一部分，这种现象不仅出现在一、二线城市，在三、四线城市也大量地涌现。

社会分工的精细化决定了生产高效的城市对劳动力的欠缺，必须吸引农村人口进入城市，并且农村人口将主要流向资本收益率较高的经济发达和较发达的城市。我们虽然有960万平方公里的国土面积，但在必须保有120万平方公里的耕地红线不可动摇的前提下，还要排除掉山川、河流、不适宜人类居住的地域，基于经济发展地域间巨大的现状，实质上经济发达和较发达的城市的可用土地少得可怜，这些城市无限扩容的状态将在未来十年中受到遏制。如何解决土地供给问题，成为困扰城市管理部门的难题。

当前，为了解决土地与居住人口的矛盾，居住区的容积率被不断上调，过去1.0，现在3.0，个别城市5.0甚至更高。高容积率导致采用普通高层住宅往往已无法为使用者留出充足的户外活动空间，休闲活动的绿地、邻里交往的空间日渐匮乏，而流动的空气、惬意的绿地、舒适的交往场所，等等，恰恰正是居者最需要的宜居环境要素。现在，已经有一些具有前瞻性的开发商在尝试进行超高层住宅的开发，希望以这种模式解决上述矛盾。

我们曾经在一个高容积率项目中进行了十三轮方案研究比较，从100m的普通高层住宅，到局部超高层住宅，再到全部超高层住宅，覆盖率从27%逐步降到16%，居住区内品质的提升是呈几何级数向上的。

可以预期，在未来的城市中超高层住宅将不再是典型现象，而是常态现象。虽然要付出（经过精细化设计后）25%左右的成本增加，但是，超高层住宅能够带来城市轮廓的丰富，能够带来城市界面的通透，能够带来集成化的居住社区，能够节省更多的土地，可谓功在社稷的善举。

二、 超高层住宅适用的范围

随着城市规模的不断扩张，人们已经习惯了居住场所的不断外移。居住与工作的分离给城市的交通带来了相当的压力，给城市居民的生活带来了内容的匮乏。日常生活中，早晚奔波在路上的状态，已经是城市居民的生活常态。而好的超高层多功能集成化的社区将为城市居民的生活带来巨大的改变。在城市中心地带新建开发或旧城改造项目中，随着成本的巨大投入，超高层社区居住人口的大量增加，对生活配套设施的需求也会进一步增加。这种需求将不仅是满足基本生活需要，还包括休闲、娱乐、交往、体验、工作、学习、公益等活动的需要。需求内涵和外延的扩大，必将连带地促进多业态的城市综合体的发展。未来的的超高层社区以综合体的形式出现将会是发展的主要趋势。如深圳万象城等，这种状况下通常以中

关巍　CCDI筑地城市空间设计中心 总经理

型的豪宅为主,以大户型豪宅或小户型为辅。

　　当然,由于目前城市规划中的一些限制,如街坊式的道路划分,使得土地不能被整体使用,导致一些超高层社区只能变成小的单元,而不具备多功能集成化的条件,从而成为单纯的居住社区。这类社区适用的客户通常以小单位需求为主,建筑类型以公寓或小户型住宅为主,如金地武汉建设的"京汉1903"项目。但当具有特殊的地理位置、景观资源、人文历史等条件时,即使用地规模较小,也常涌现大户型的豪宅。

　　在政府主导下的保障房建设中,采用超高层住宅设计也将会成为一种趋势。现在的保障房以满足小户型的需求为主,考虑到使用者的交通承受能力,难以在城市的边缘或更远的区域进行选址;出于投资回报的考虑,也难以在地铁物业中大量出现,这就使得保障房的土地选择性变得很小。土地规模小,容积率高,建筑密集,外观单一,绿地面积严重不足,此等现象将可能成为未来城市保障房的主基调。1950年代美国纽约等城市曾有一些这样的公寓区后来成为高犯罪率的贫民窟,我们不希望这种情况在中国的城市中重演。发生这种情况的原因有很多,但居住质量太差,让居住在其中的人们对自己的生存环境严重不满,滋生各种心理问题则是一个不能回避的原因。

　　超高层住宅如果能够在保障房中实现则有望从一定程度上缓解此类矛盾。由于超高层住宅建筑的突出形象,会使得居者充满自豪感;超高层住宅往往位于城市中心,而不是远郊,这可以帮助居者融入城市社会,而消减那种自己是被社会遗弃的弱势群体的负面感觉;通过提高建筑高度,超高层住宅可以在有限的用地中释放出更多的绿化面积,使居者拥有充足的户外交往空间,从而也有利于增强社区的安定团结;超高层住宅不适宜拼接,却有利于创造出通透的城市空间环境,有利于缓解保障房社区高容积率而小户型配置多所导致的空间封闭的状况。

　　在超高层住宅的设计中,结构的主导性非常强,对体型的制约很大,减少凸凹变化是降低成本的有效措施。这种特点对小户型商品房的品质影响很大,但却非常符合保障房的要求。

　　一般而言,超高层住宅核心筒的面积较普通高层住宅大很多。以我们完成的武汉金地超高层为例,常规的高层住宅核心筒的面积为$54m^2$,而超高层住宅的核心筒面积则大于$95m^2$,小户型的户数必须增加到6户以上方能达到购房者可以接受的使用率。将体型受到制约,小户型比例高的超高层住宅设计应用到保障房的设计中则是恰到好处。

　　综上所述,未来城市中心的居住建筑将可能主要以城市综合体、小地块较大户型的超高层商品住宅和小户型的超高层保障房的形式出现。

三、 超高层住宅建筑设计的难点与对策

1. 设计过程的复杂性与对策

　　超高层住宅的设计过程具有一定的复杂性,相应对策是:从各个阶段统筹设计的过程,将策划、销售、工程施工、物业管理、景观营造、室内装

修等多领域的团队组织起来，紧密合作。

2. 结构设计难点与对策

结构选型对方案的影响非常大，应在方案设计阶段就进行。常规的结构设计通常开始于初步设计阶段，但往往对方案带来相当大的影响，甚至是颠覆原有的方案设计。因此合理的方案设计应该在早期就引进结构专业的设计，以确保方案过程中不至于有无法实施的情况发生。我们通过这种方法保证了"京汉1903"的图纸在合理的时间内完成，并一次性通过超限审查。

100-120m对于建筑来说为超高层建筑，而结构则不是。由于建筑专业的规范导致核心筒等方面依据消防要求变化较大，严重影响使用率，而增加的20m高度不足以抵消收益的损失。通过设计比较，我们的经验是在短肢剪力墙结构下以155m左右高度整体收益为最佳。

在超高层住宅中混凝土墙体的截面变化很多。为了抗震的需要，很多结构设计师的方法是在计算中尽量增加剪力墙的横向截面，导致严重影响住宅的使用。而我们则采用"束筒"的结构形式，并在方案设计中就开始结构计算的工作。这样的效果是非常显著的，对使用功能的影响很少。

在大户型设计中，如何满足业主的个性化、灵活性、尊贵感的需求是重要的。传统的做法是单纯加大部分房间的开间、进深。但是，只有从建筑、结构一体化视角考虑，在结构选型上作出重大的变化，才能够充分发挥超高层建筑的特点。为了实现上述目标，我们正在开展钢管混凝土结构与剪力墙结构统筹的住宅设计研究。

3. 消防设计难点与对策

超高层住宅建筑如遇地震、火灾等灾害，易造成更大的伤亡和损失。因此，超高层住宅的消防设计十分重要。超高层建筑的消防设计应立足于建筑内部的消防系统建设，在智能化的旗帜下，努力完善火灾探测、报警、扑救等自动功能，将火险消灭在萌芽状态。合理设计报警系统，除了烟感器、温感器、手报按钮、消火栓按钮外，超高层建筑中的车库、厨房应增设可燃气体探测器等。在综合性的住宅中合理设计避难层的消防安排。采用系统联动方式，是争取火灾前期时间和主动权的有效手段。消防系统是一个由建筑、设备及电气等专业构成的整体，专业间的密切配合及统筹安排十分重要。

4. 节能环保设计难点与对策

超高层住宅建筑的建造要比同等面积的多层建筑消耗更多的资源、人力和财力。超高层住宅为保持正常的运作，在电梯、空调、供水、供暖、管理等方面要多消耗大量的能源。超高层住宅建筑体量巨大，在城市空间、日照、电磁辐射、环境和景观等方面都容易对城市环境及周围建筑产生不利影响。所以，节能环保设计对于超高层住宅建筑是很重要的。

超高层住宅建筑后期维护费用较高，在设计过程中优先考虑后期维护的节省原则，前期投入一次到位，采用高品质优良材质，延长使用年限，便利后期维护；广泛运用节能材料、节能工艺、节能设备；采用优化建筑位置及朝向设计，优化围护结构墙体设计，减少建筑的体型变化等方式来达到降低能耗的效果。

5. 功能设计难点与对策

超高层住宅的功能设计受到很多因素的制约。

首先，风荷载的影响是非常大的。据测试，当地面的风速为5m/s时，90m高处风速为15m/s，150m高处则可以达到20m/s以上。如此大的风速对居住建筑的安全性造成了很大的考验，同时也严重制约了开窗的通风使用。因此，在一定高度以上应减少阳台的使用，并应以内阳台的使用为主。空调室外机在这样的风速考验下也是难以工作的，应尽量将其置于背风的凹槽内。为保证正常的通风需要，应该在设计中尽量考虑新风系统的使用，而不是单纯依赖自然通风。

超高层住宅建筑使人远离地面和自然环境，容易形成对人类健康不利的室内环境，诱发高层综合症。设计中可以通过一些空间分割、组合等手法弱化这类心理感受。

此外，还有通过柔性铸铁管材的使用解决噪声的影响；通过高、中、低区分层供水方式保证供水、排污的可靠；通过特殊设计的烟道避免气味对相邻的干扰；通过合理的前室设计和管道设计，避免"烟囱效应"对住户的干扰，等等策略改善超高层住宅建筑的功能使用上的合理性与舒适性。

6. 交通设计难点与对策

超高层住宅建筑将大量人员聚集在一起，势必给城市交通带来极大的压力。在选址时应考虑聘请专业的交通顾问公司提供建议。

纯住宅超高层建筑的交通问题相对容易解决，而超高层综合体和超高层保障房中的交通问题就相对棘手一些。综合体中的交通动线往往很多，如商业的人车交通、办公的人车交通、公寓的人车交通、酒店的人车交通、后勤服务的人车交通。因此，超高层综合体中的交通组织需要科学统筹、合理组织。而超高层保障房的业主一般而言主要依赖市政公共交通，如公交、轨道交通等，往往在相对集中的时间形成大量的人流，如何快速疏导就成为设计的重点与难点。

竖向的交通设计也非常重要。由于人流量大，相对集中，合理选择电梯数量和电梯速度就非常关键。为了合理使用电梯，可以考虑增加电梯的预约功能。

7. 施工环境问题与对策

城市中心的超高层住宅项目可能遭遇的施工问题往往在施工前无法全部预知，要在施工过程中进行周密的现场服务，随时应对突发问题。以我们设计的武汉"京汉1903"项目为例，项目三面被原有的破旧的多层住宅包围，一边面对城市快速轻轨。施工过程中的基坑围护是整个项目中的最大难点，我们通过现场服务及时进行了大量设计修改。又如我们设计的深圳"宏欣豪园"项目，毗邻地铁一号线，施工过程中为避免对地铁的影响，多次进行现场工作，及时而完善地解决了各种问题。

8. 城市设计和市政设计难点与对策

在中国城市化飞速发展的背景下，关于超高层住宅方面的研究和管理等相对滞后。超高层住宅对城市轮廓、城市空间、城市交通、城市公共设施、城市市政设施等有着巨大的影响，从而对城市设计和市政设计提出了一些高难度的要求。因此，需要从城市规划管理等方面作出回应，应依靠三维仿真的科学手段，结合城市定位，在多维度、多角度、多视点上进行城市空间高度、体量、交通的设计；使用容积率、建筑不同高度退距要求、附属建筑退距或附属建筑"零退距"、建筑风格指导、超高层住宅建筑立面通透率、地面架空率、绿化率、建筑覆盖率、车行交通组织建议等全面、精细化的控制手段作为超高层住宅建筑的设计依据。尤其值得一提的是对于地下水的流向规划要引起城市主管部门的高度重视。因为超高层住宅区的建设必将伴随着大体量、基坑深的地下室的建设，这样的地下室对地下水的影响非常大，如果严重扰动了地下水的流向，就有可能导致建筑或道路发生倾斜甚至坍塌。

一座全面优化的超高层住宅可谓是一个人类社会高科技技术的综合汇集体，是人类科技智慧结晶的集成展示！合理建设是需要社会各界共同努力的。超高层住宅涉及的工程术难度是非常高的，衡量相关施工单位、设计单位、监理单位的标准也必须从成本导向转向技术导向。

超高层住宅是解决快速的城市化与稀缺土地之间矛盾的重要途径。但是其建设过程中可能面临的问题很多，如与市政设施不匹配，与城市交通产生矛盾，特别是与地铁建设产生矛盾而使成本有较大幅度增加等等，需要社会各界正视这些问题，并一起同心协力解决问题，其中涉及到的各个环节，各个人员保持高度的责任心十分重要。

其次，应从节地的角度进行超高层建筑必要性的引导，并采用一定措施进行鼓励，如南宁的一定高度上补偿容积率的做法。

再次，在未来的城市进程中，城市综合体中的超高层住宅或公寓，特别是超高层保障房住宅中的使用群体将会有相当的人群是来自生活相对落后的地区甚至是非城镇的居民，高度集约化的生活方式对这类人群的既往生活冲击是非常大的，如何适应这种生活，并一起共同维护这种生活成为一个刻不容缓的课题。因此，在社会层面，需要通过新闻媒体等方式进行正面引导，告知这些人如何按照城市居民的要求进行生活活动。

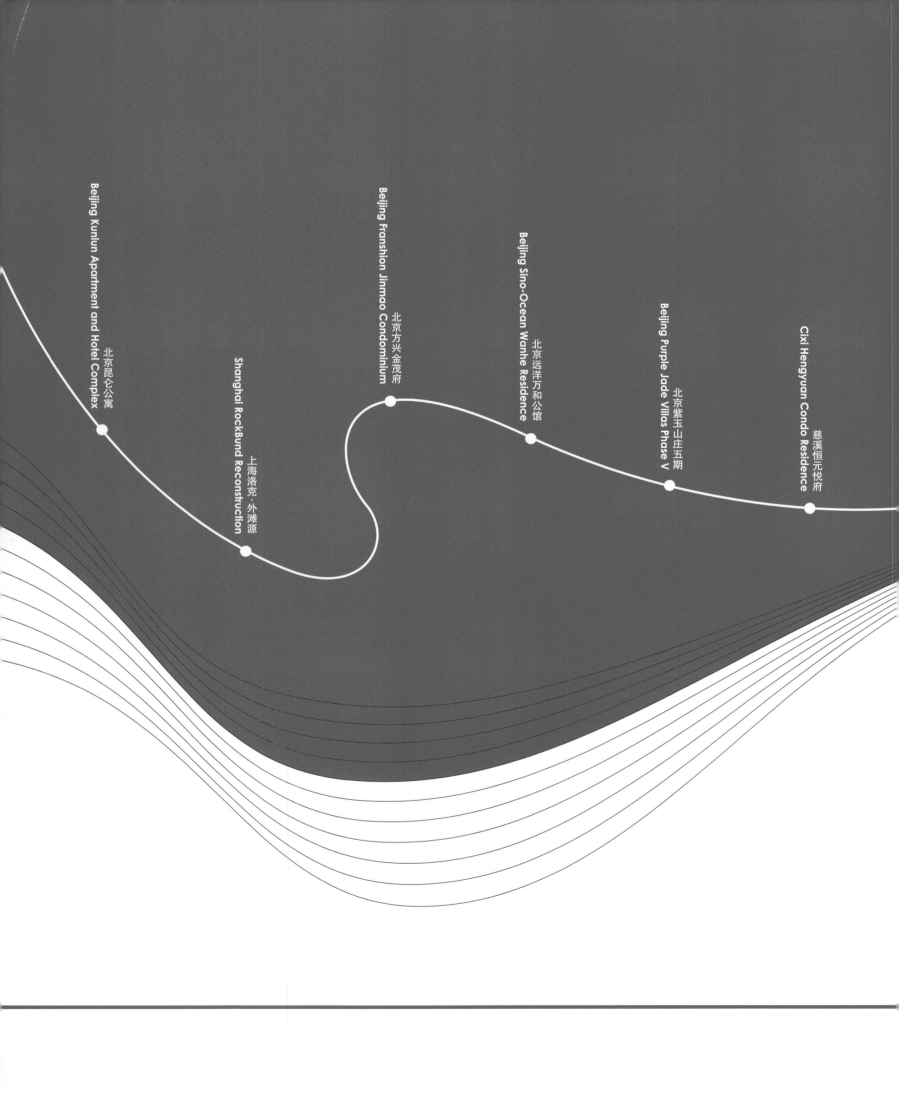

Beijing Kunlun Apartment and Hotel Complex
北京昆仑公寓

Shanghai RockBund Reconstruction
上海洛克·外滩源

Beijing Franshion Jinmao Condominium
北京方兴金茂府

Beijing Sino-Ocean Wanhe Residence
北京远洋万和公馆

Beijing Purple Jade Villas Phase V
北京紫玉山庄五期

Cixi Hengyuan Condo Residence
慈溪恒元悦府

都市豪宅
Urban Luxury Residence

　　都市豪宅是一种社会现象，是经济发展到一定阶段的必然产物。都市豪宅的发展不仅是城市进步的表征，也是居住理念进化的反映，更是中国财富阶层演化的象征。在都市豪宅发展的过程中，那些由高知创富精英组成的财智阶层正悄然改变着"顶级居住"的定义，形成一种全新的居住方式。

　　都市豪宅日益呈现出往地段、产品、生活精神的优势集合体发展的趋势。CCDI的都市豪宅产品设计，在努力建筑城市文明新高度，规划顶级居住新地标的同时，将趋向回归居住本源，为客户营造家庭化、便捷化、人性化和情景化的居住体验。

　　CCDI认为，豪宅之"豪"者，超越外在。设计师需洞察豪宅的核心要素，充分展现其"高端、精品、豪华"的特点，提升产品的内在魅力和价值。

北京昆仑公寓

Beijing Kunlun Apartment and Hotel Complex

项目信息

总用地面积: 5 560m²
综合体总建筑面积: 34 750m²
容积率: 4.3
建筑高度: 100m
住宅总户数: 65户公寓, 13套公寓式酒店客房
合作设计: Arthur Erickson建筑事务所
设计/竣工: 2003 / 2006
开发单位: 华远地产
项目地址:
北京市朝阳区燕莎商业区昆仑饭店西侧

CREDITS

Total Site Area: 5,560m²
Total Gross Floor Area: 34,750m²
Floor Area Ratio: 4.3
Building Floors: 100m
Gross Unit Number:
65 Apartments, 13 Guest Rooms
Collaboration Design:
Arthur Erickson Architects
Design/Completion: 2003 / 2006
Developer: HUAYUAN
Project Location:
West Side of Kunlun Hotel, Beijing

昆仑公寓是地产大亨华远集团在北京市朝阳区鼎力开发的高档公寓项目,定位于国内房地产市场上的顶级豪宅。该项目地理区位非常便捷,距东三环仅200m,距首都机场车程约30分钟,既处于北京繁华的燕莎商圈中心,又没有交通堵塞的困扰,加之其濒临各国使馆区所带来的文化氛围,使该地块具备了打造高档居住中心的初步条件。

昆仑公寓的景观条件也是相当卓越,不仅俯瞰各国使馆茂盛的园林景观以及朝阳公园大片的城市绿带,北侧、西侧可极望西山,天晴时甚至可远眺故宫。

从建筑本身看,两幢塔楼下部为酒店、上部为公寓,裙房为社区提供高品质的配套服务,同时含有对外开放的商业环境。公寓仅23套,一层一户,户型以400m²和720m²为主。建筑形体并不夸张前卫,却在简约之中隐含着特有的清秀气质。建成后的昆仑公寓由昆仑酒店实施统一的物业管理,提供五星级酒店式管家服务,足显其"高端"特性。

对昆仑公寓而言,场地局促乃是最具制约性的设计条件。在初期一系列草图构思的基础上,建筑师将两幢塔楼分居地块西南和东北角,避免与体量巨大的昆仑饭店形成紧邻冲突,这是城市关系上的首要考虑。

对角式的布局给出入车辆流线设计带来一定的困难,设计师为此调整了车库的入口,以及与庭院景观的关系,让出入车辆尽量便捷,又不影响内部景观效果。

为了降低高耸塔楼的纤细感,建筑师非常注重特殊观测点上的视觉效果,通过反复调整两幢塔楼的比例关系和凹凸细部,最终形成互动感较好的形态组合。而庭院内部的空间营造,如水面和木质连廊,也极大地配合了塔楼的细部的质感。

建筑平面呈蝶形,有多处锐角,使得框架柱与锐角的空间关系很难处理,好在户型很大,并不缺面积,建筑师索性将其做成三角形阳台,以增强景观视野(达300°);核心筒的布置经多轮方案后确定为"南北核心筒,每层双入口,南主北仆"的平面模式,这些空间处理都从一个个侧面营造出该项目的高端性。

豪宅不一定是别墅,也不一定有外露的奢华。简约的现代主义建筑一样可以通过精心的设计打造高贵的居住感觉——这是昆仑公寓最为核心的设计理念。设计师为此放弃了绚丽的幕墙效果,但配置了各种增强舒适度的技术手段,如智能化控制系统、地板采暖、软化水系统、无线指纹遥控识别等等;建成后的昆仑公寓,其室内设计也延续了简约、精致的建筑语言。这些内外综合的技术措施,加之纯净、高雅如"名仕"风格的整体感觉,无疑切中了目标客户的格调需求,最终在很大程度上获得了客户的心理认同。

01

01. 总平面图
02. 沿河实景

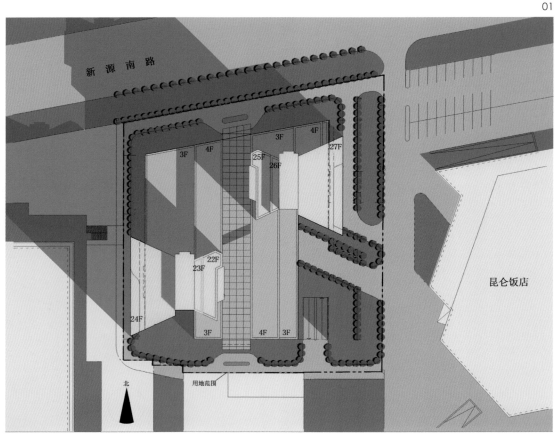

05

豪宅不一定是别墅，也不一定有外露的奢华，简约的现代主义建筑
一样可以通过精心的设计打造高贵的居住感觉

07

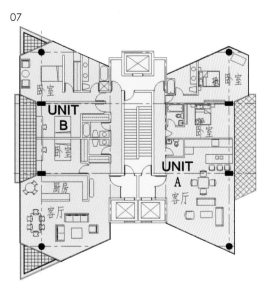
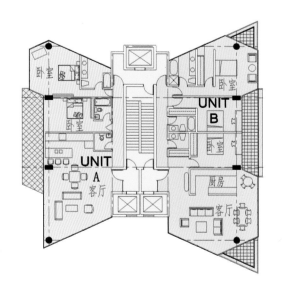

08

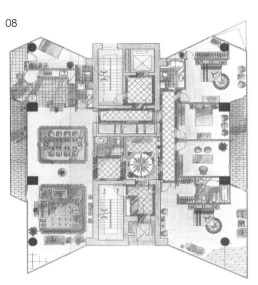
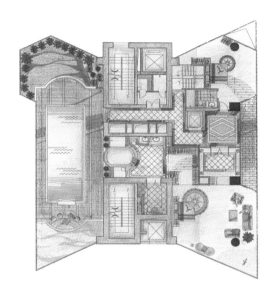

上海洛克・外滩源
Shanghai RockBund Reconstruction

项目信息
总用地面积：94 000m²
总建筑面积：114 000m²
容积率：1.2
总户数：约100户（含酒店公寓）
建筑层数：14
设计/竣工：2008 / 2012
合作单位：ARQ建筑事务所
　　　　　大卫·齐普菲尔德建筑事务所
开发单位：洛克菲勒集团
项目地址：上海虎丘路圆明园路

CREDITS
Site Area: 94,000m²
Gross Floor Area: 114,000m²
Floor Area Ratio: 1.2
Gross Unit Number: Approx. 100
(including hotel apartments)
Building Floors: 14
Design/Completion: 2008 / 2012
Collaboration Design: ARQ Architects;
David Chipperfield Architects
Developer: Rockefeller Group
Project Location: The Bund, Shanghai

01
02

01. 圆明园路人视图
02. 虎丘路人视图
03. 鸟瞰图

03

坐落于上海苏州河和黄浦江交汇处的洛克·外滩源，将北外滩深厚的文化底蕴兼收并蓄，以文化带动区域的整体提升，将打造未来上海新的最时尚的生活空间和高端购物环境为目标。

根据《上海市外滩历史文化风貌区控制性详细规划》，新建的3座集商业、办公、住宅为一体的14层塔楼将延续基地内原有的12座保护建筑风格，在沿街建筑的框架下被巧妙地植入，与公共空间共同作用，以满足现代建筑功能与开放空间需求。

新老建筑的结合统一是本案设计的重点，

建筑师通过对建筑体量分割、立面材料色彩、窗墙关系等方面的审慎处理，使得新建的建筑单体符合了本案整体风格，也体现了当代建筑师对于近代建筑保护发展的理念。建成后的3座塔楼将位于圆明园路和虎丘路之间，通过原有老建筑的里弄关系，向基地内引入人流，并且通过内环境的联系，使得整个区域的肌理富有贯通性和渗透性。

塔楼立面由三层体量糅合而成，分别为面层、中间层和背景层。前两层为一系列的石材体块通过金属腰线分割而成，在这两

层之后玻璃体量从石材体量中升起，增加了综合体型的层次感和厚重感，并成为前面层次实体量的投影。

新建塔楼整体采用了退台手法，退在老建筑后方，以此保证新加的建筑不改变街道与两边建筑围合的尺度感，保留街道中路人的视觉空间，对传统城市构架和风貌无损，使亲近于街道与行人的临街建筑仍然保留传统的老街风情，同时塔楼的沿街商业空间得以增加，使得服务性的零售业可以拥有更多的商业沿街面，也为沿街休闲娱乐空间得以享有更多的广场街道景观，

而楼上的办公区域（3-6层）也有了朝向虎丘路上的屋顶花园。由此，建筑本身有了多层次、多空间，在提高商业与使用价值的同时也提高了建筑的亲和力和趣味性。

建成后的三座赭红色14层塔楼，将以商业、办公、住宅为一体的综合开发补充了区域的功能使用，与改造后的文化和购物空间一同把怀旧与现代完美融合，低调地矗立于上海与西方进行交流诞生现代文明的发祥地核心，契合了如今海上新贵的生活态度。

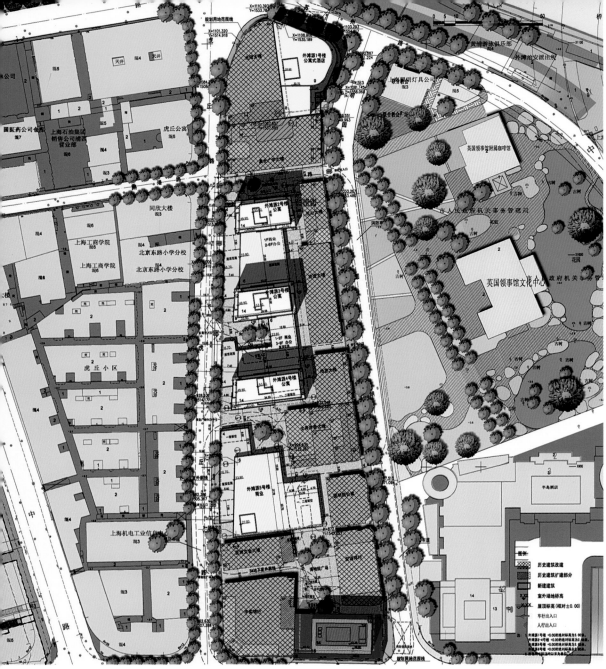

04. 总平面图
05. 2号楼剖面图
06. 1号楼剖面图
07. 4号楼剖面图

04

05

06

07

08 虎丘路立面

09 圆明园路立面

新建筑采用了挑空、退台、错位、叠加等设计构图手法，
　　使建筑本身具有了多层次、多空间，在提高商业与使用价值的同时也提高了建筑的亲和力和趣味性 ——

08. 沿虎丘路立面图
09. 沿圆明园路立面图
10. 2－6号楼整体剖面图

10

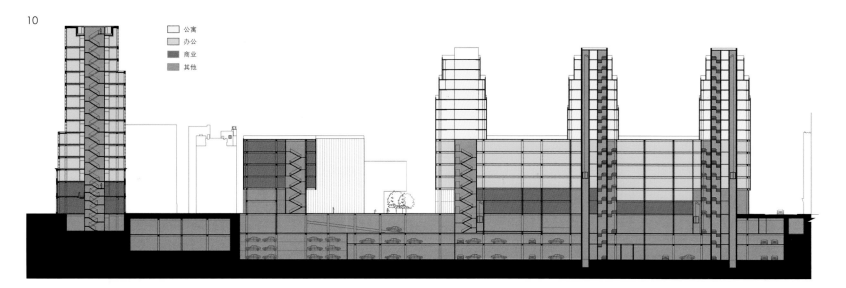

公寓
办公
商业
其他

11. 虎丘路街景效果图
12. 历史保护建筑－协进大楼
13. 历史保护建筑－圆明园公寓
14. 历史保护建筑－协进大楼
15. 历史保护建筑－女青年会大楼
16. 历史保护建筑－光陆大楼

12

13

14

15

16

02

北京方兴金茂府

Beijing Franshion Jinmao Condominium

项目信息

总用地面积: 156 000m²
总建筑面积: 360 000m²
容积率: 2.25
总户数: 980
建筑层数: 18-24
设计/竣工: 2010 / 2012
合作设计: 德国维思平建筑设计事务所
开发单位: 方兴置业
项目地址: 北京朝阳区

CREDITS

Site Area: 156,000m²
Gross Floor Area: 360,000m²
Floor Area Ratio: 2.25
Gross Unit Number: 980
Building Floors: 18-24
Design/Completion: 2010 / 2012
Collaboration Design: WSP Architects
Developer: Franshion Properties
Project Location: Chaoyang District, Beijing

01

01. 全景鸟瞰图
02. 局部鸟瞰图

本案定位于"都市豪宅",设计的核心就落在如何把周边现有公共资源与自身进行整合,在充分享有公共资源的前提下,保证住宅区的相对私密,营造出符合都市新贵阶层的生活方式。

为了满足都市豪宅对于人居环境概念的高端品质要求,建筑师在设计过程中加入了多项高科技内容,尤其是在BIM平台下多学科跨专业的良好沟通所达到的,符合绿色认证和LEED认证的技术高度,特别值得引起关注,为将来CCDI居住产品的设计合作方式提出了高度上的指引。

由于项目周边的开发度较为成熟,建筑师需要处理的即为:如何在保证本案尊贵品质的前提下,将项目融入周边环境,并且与已经开发成熟的周边配套设施发生联系。

本案立足于黄金地段拥有的多样城市公共设施与交通线路,以开放的小区规划理念,将毗邻的体育公园景观完全地收纳,使得体育公园大片的绿地景观成为小区内每一户居民都可以享有的丰厚景观资源。

为了符合本案倡导的高档生活品质,完善的配套服务也成为打造品质不可或缺的因素。本案引入西方领先的物业,根据来往人流的不同身份设计专属于他们的行动流线。并且为住户的需求提供管家服务,使得本案不仅是普通的住宅项目,更结合了酒店式公寓的生活方式。

在公共空间的设计上,本案采用了"泛会所"的概念。会所不再集中于某个特定的建筑单体中,而是被打散在整个小区中。除了餐吧、健身、图书阅览等常规功能空间,本案还增添了可供预订的电影院、阳光游泳池旁设置的按摩池等个性化设施,提升了小区的文化品位,营造了更为丰富的休闲娱乐体验。

建筑立面沿用了竖向线条与石材贴面结合的手法,整肃的序列感和石材的质感,加上精细的线脚设计,建筑体表现出沉稳低调的气质。浅橙色的石材与北京浓丽的色调一致,而楼体中嵌入的玻璃体块消解了建筑的重量感,质感与清透这两种相悖的气质在体育公园大片的自然氛围渲染之下,和谐相融,形成了本案具有识别性的特点。

03

建筑师在设计过程中加入了多项高科技内容，尤其是在BIM平台下多学科跨专业的
良好沟通方式，更为日后的设计提出了高度上的指引

04

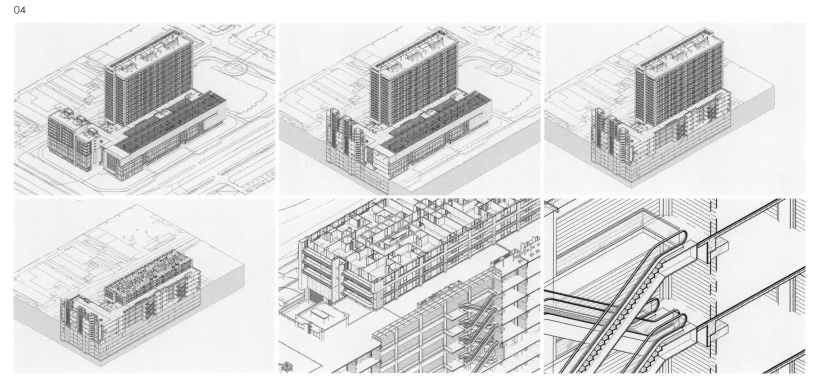

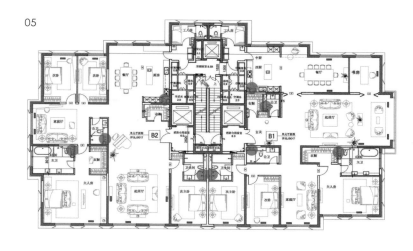

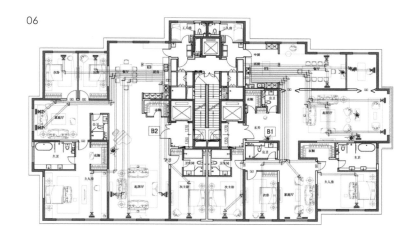

03. 从毗邻的体育公园看小区景观的效果图
04. BIM平台下的多专业协同工作
05. 户型平面图
06. 户型平面图与BIM技术的应用
07. 会所夜景

07

北京远洋万和公馆
Beijing Sino-Ocean Wanhe Residence

项目信息

总用地面积：48 400m²
总建筑面积：192 000m²
容积率：2.8
总户数：408
建筑密度：35%
建筑层数：24-29
设计/竣工：2011 / 2014
开发单位：远洋地产
项目地址：北京朝阳区大望京村

CREDITS

Site Area: 48,400m²
Gross Floor Area: 192,000m²
Floor Area Ratio: 2.8
Gross Unit Number: 408
Coverage Ratio: 35%
Building Floors: 24-29
Design/Completion: 2011 / 2014
Developer: Sino-Ocean Real Estate
Project Location:
Da Wang Jing Village, Beijing

02

01

北

住宅
公寓
会所
市政设施
高端企业会所

01. 总平面图
02. 鸟瞰图（东北视点）

本项目位于"大望京商务区"的核心地带,与Zaha Hadid的望京SOHO相毗邻,属于以商业、商务功能为主导的综合性开发商务区内稀缺的住宅资源,在未来将享有得天独厚的商业和景观氛围。由于本案从设计羿始便具有的稀缺性,以及远洋地产对本项目投入的巨大关注与期望,注定了远洋大望京住宅项目将以"高端"作为品牌的象征。

然而,如何将基地的限制转化为提升项目高度的契机?建筑师决定结合大望京区域未来的发展和区域内部丰富的景观资源做出解答。并且,CCDI认识到项目难度之后,从一开始就引入了BIM平台,把不同专业的设计人员加入进同一个系统之中,让他们之间的对话能够更为即时有效。

为了解决区域内三块名义用地和五个物理地块之间的分隔,对项目形成认知度、形象度和整体性造成的障碍,建筑师在两块狭长的地块中分别根据住宅比例的不同布置了相应的公建设施。在规划条件中对于公建数量的要求之上,建筑师结合东西两块用地面积的不同,将符合用地性质的不同公建设施分别加入。对于西侧用地面积较小的地块中,建筑师围绕独幢住宅高层加入了底层商业和高端企业会所两种业态。与高层住宅相分离的以联排形式出现的高端企业会所打破了与邻接东侧东西向狭长用地之间市政道路的界限,通过开放式的入口为本地块吸引了人气,减少了宽阔市政道路引起的割裂感。同时高层住宅与邻接东侧用地中的四幢高层住宅形态相连,互有前后进退错位,共同形成了区内丰富的天际线,突出了本案的标识性,并且为每幢高层住宅提供了东西向观景的景观面,充分利用了地块内的绿化资源。

在户型设计上,建筑师决定以一梯两户的标准层大平层布局来提升每户所享受的景观资源,270°的广角景观让居住体验更为丰富和舒适。除了每户拥有独立电梯并且可电梯入户之外,主仆流线的互相分离以及每户室内围绕每个卧室独立成套的设计手法,都符合了当代都市豪宅客户的需求,成为本案高端品质的内在佐证。

03

如何将基地的限制转化为提升项目高度的契机？CCDI的设计团队决定利用
BIM这个可以为各专业提供即时有效沟通的平台，结合大望京区域未来的发展做出解答

04
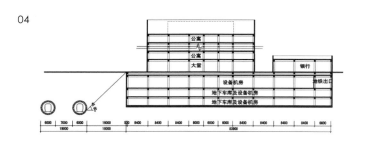

05
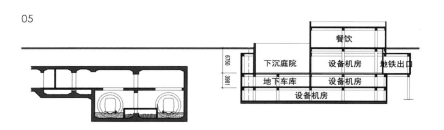

06
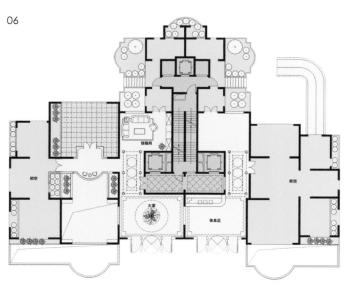

07
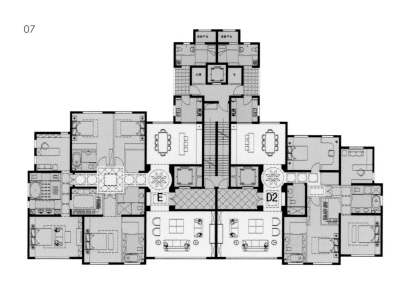

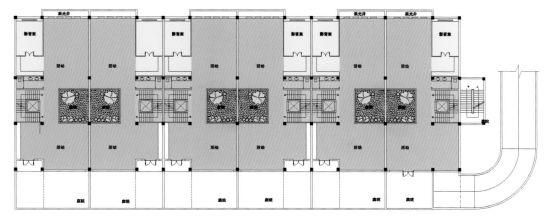

08

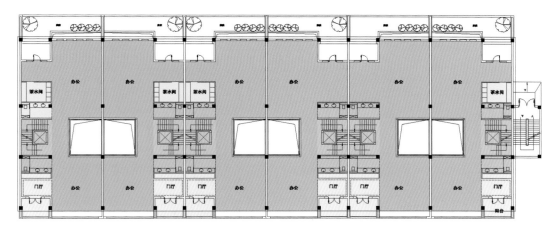

09

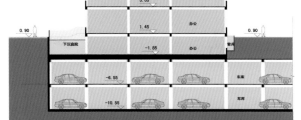

10

11

北京紫玉山庄五期
Beijing Purple Jade Villas Phase V

项目信息

总用地面积：28 350m²
总建筑面积：25 860m²
容积率：0.9
总户数：58
建筑密度：30%
建筑层数：3
设计/竣工：2010 / 2012
开发单位：紫玉山庄
项目地址：北京市朝阳区

CREDITS

Site Area: 28,350m²
Gross Floor Area: 25,860m²
Floor Area Ratio: 0.9
Gross Unit Number: 58
Coverage Ratio: 30%
Building Floors: 3
Design/Completion: 2010 / 2012
Developer: Beijing PJV Co., Ltd.
Project Location: Chaoyang District, Beijing

02

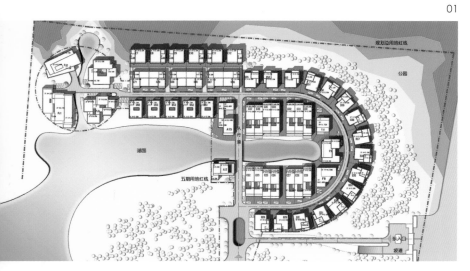

01

01. 总平面图
02. 鸟瞰图

身处都市却远离尘嚣，独享大片的自然景观，加上精细雕琢的上乘品质，这些罕见的优质元素同时集中在一个楼盘之中，使得紫玉山庄成为京城口碑极佳的豪宅居所。这个项目第五期延续了前四期森林公园的主题，但在建筑形式上抛弃了古典主义的传统手法，以简洁而富有质感的现代风格来回应优美的自然景观，体现了当代都市新贵重视内在修养，简化外在形式的生活理念。

在规划布局上，紫玉五期根据景观优势的不同自然情况划分出各具特色的组团，并形成了高低不同的两个水面，住宅沿基地内湖流走向铺开：西侧圆形用地处于整体用地的尽端。拟建的四座单体别墅，将基地内湖支流水景围起，通过丰富的植被遮掩，造就了半开半必的虚实空间，而宽裕的面积也让西侧别墅可以展现更为多变的外形；中心矩形用地中的住宅分为临水型和院落式两种，充分结合基地内的自然水景和高低起伏的地形，最大程度将景观引入每一户。

在建筑单体的雕琢上，本案力图使每一座别墅建筑形态都能富有自己的个性，将建筑与自然融合起来，使得建筑也成为居住区中的优质景观。本案提出"山、水、园、林"的概念，引入北欧建筑风格理念，结合本案不同区位景观特性，打造了不同风格的建筑单体：亲水型轻盈通透、临公园型乡村朴素、内向型围合院落。建筑设计既考虑了面向景观的开敞性，也兼顾到了户型之间的私密性。

空间设计采用现代的设计手法，流线自由，空间开放，大空间的设计使用户有更多装修的自由度，沿湖面和公园两方向采用较多透明的玻璃楼梯间，宽大的观景平台和宽敞明亮的落地玻璃门窗，使景观与室内空间融为一体。

本案结合当代建筑理念与形式的创新，将富有现代感的建筑形式与优美的自然景观
和谐相融，体现了当代重视内在修养、简化外在形式的生活理念

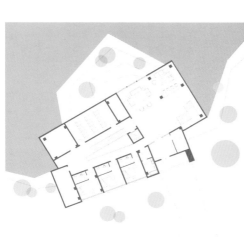

05

06

07

09

慈溪恒元悦府
Cixi Hengyuan Condo Residence

项目信息
总用地面积: 17 600 m²
总建筑面积: 51 500 m²
容积率: 2.3
总户数: 104
建筑密度: 35%
建筑层数: 30
设计/竣工: 2009 / 2012
开发单位: 恒元置地有限公司
项目地址: 浙江省慈溪市

CREDITS
Site Area: 17,600 m²
Gross Floor Area: 51,500 m²
Floor Area Ratio: 2.3
Gross Unit Number: 104
Coverage Ratio: 35%
Building Floors: 30
Design/Completion: 2009 / 2012
Developer: Hengyuan Real Estate Co.,Ltd.
Project Location:
Cixi City, Zhejiang

高端都市社区由一线城市向二三线城市的迅速迁移,成为当代中国城市化发展的主要特征。在一系列最新涌现的实例中,位于慈溪核心区的恒元悦府将常规的公寓设计手法突破至具备强烈都市感的豪华社区,并在生活方式引导和生态技术使用上奠定了引导地位。

慈溪位于东海之滨,是长江三角洲经济圈南翼环杭州湾地区上海、杭州、宁波三大都市经济金三角的中心,区位和交通优势均十分明显:东离宁波60km,北距上海148km,西至杭州138km。杭州湾跨海大桥的建成通车,更是将慈溪纳入上海"2小时交通圈"体系中,使其成为连接上海与宁波的"黄金节点"。灵秀、外向、兼容、务实的慈溪人,将这座城市打造为长江三角洲南翼重要的先进制造基地、都市农业基地、休闲旅游基地和现代物流基地。伴随着城市的发展,对高品质居住的诉求日益凸显。

恒元悦府的高层住宅布局体现出城市界面的节奏和韵律,顺应良好的朝向并围合了适宜的活动场所,在公共空间与居住空间的交界处形成景观节点,整体双塔住宅与周边环境呈现良好的呼应关系。

在设计手法上,建筑正立面强调幕墙与阳台外玻璃板的处理方式,对称的竖向铝框设置让其线条强烈而丰富;背立面在整体处理上更趋于城市化,所有可能看到的设备及管井全部进行了整体设计,被巧妙地隐于建筑内部,设备阳台均采用竖向百叶板。立面材料以大面积石材为主,细部使用仿石涂料,结合玻璃幕墙、金属装饰板和百叶板,使建筑典雅端庄而不失轻巧;在商业裙楼部分,立体交错的玻璃盒子沿矩形体蔓延展开,具有极强的肌理感和节奏感。

恒元悦府的平面设计充分展现新一代都市豪宅的入户尊贵感和空间气质:每套户型面积均在230m²以上,空间舒适,南北通透,带北向入户花园。在竖向交通方面,每栋楼设置三部高速电梯(其中一部为消防电梯),电梯厅与入户花园在空间上呈现良好的过渡关系。特别值得一提的是本案的跃层套型:面积达450m²,五房三厅六卫,其中包含三间豪华套房、家庭厅、健身房、保姆间、中西分厨,以及屋顶家庭小型游泳池。

01

01. 凭栏远眺夜景效果图
02. 沿街夜景效果图

03

04

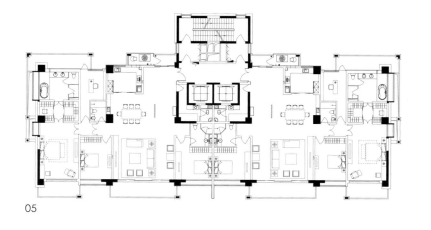

05

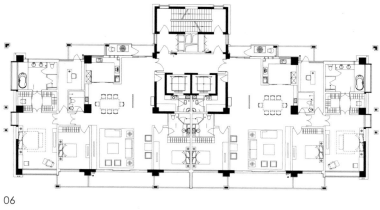

06

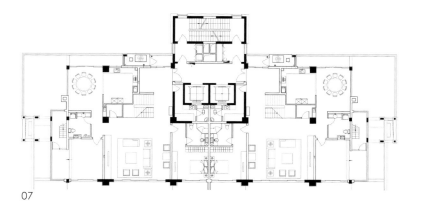

07

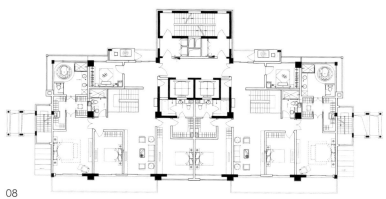

08

恒元悦府将常规的公寓设计手法突破至具备强烈都市感的豪华社区，
并在生活方式引导和生态技术使用上奠定了引导地位

09

10

迪拜商务湾住宅项目

Dubai Creek Front
Development at Business Bay

项目信息：

总用地面积：24 400m²
总建筑面积：240 000m²
容积率：5.0
总户数：450
建筑层数：2-18
设计/竣工：2009 / 2014
开发单位：INJAZ
项目地址：迪拜商务湾

CREDITS

Site Area: 24,400m²
Gross Floor Area: 240,000m²
Floor Area Ratio: 5.0
Gross Unit Number: 450
Building Floors: 2-18
Design/Completion: 2009 / 2014
Developer: INJAZ
Project Location:
Business Bay, Dubai

01

01. 人视全景效果图
02. 与迪拜塔的关系示意图
03. 平面区位示意图
04. 空间区位示意图

02

03

04

本项目位于迪拜商务湾畔，基地北面临水，沿海湾展开，与扎哈·哈迪德（Zaha Hadid）设计的Dancing Tower所在基地分别位于海湾最宽处的两畔，地理位置和景观资源十分优越。设计在尊重当地文化的基础上，以打造包容性及适应性的现代居住生活综合体为己任，突出滨水建筑轻松、明亮、舒展的特性，将商业生活的丰富趣味与滨水的宁静悠闲进行共生互补。

为了使沿海湾的城市空间获得通透的景观和丰富的天际轮廓线，设计在基地内规划设计了六幢独立的呈指状塔楼沿海湾展开，同时建筑的主朝向面与海湾保持适当的角度，最大化地利用海景资源，使每一个住宅单元都能充分享受到迪拜湾的景观。建筑设计充分考虑当地的自然条件以及现代的生活方式，

使各个功能部分合理地组织分区并进行有效地联系。在建筑的材料选用上尽可能选用当地及周边地区的材料，以生态环保的砂岩为主，结合局部金属及木材的使用，在体现建筑地域文化气质的基础上，为本项目烙上明快的时代印记。

本项目以景观建筑的理念为设计主旨，将景观设计与建筑设计相互融合、相得益彰，充分利用滨水的生态景观资源为住区提供优美水景，同时为城市创造滨水休闲城市生活空间。争取最大限度的场地景观化，精心设计裙房屋顶花园的绿化空间及住宅活动场所，结合会所、泳池等公共设施，提供现代住区的优质生活条件。特别是底层商业屋顶的绿色被充分运用，高层住宅稍作退让，为联排别墅留出了足够的

景观面和良好的居住氛围，实为本项目的点睛之笔。

其中值得一提的是新观念及新技术在本项目中的应用。设计旨在中东地区城市化建筑的进程中，尊重并保护当地生态环境，将绿色建筑的概念植入整个设计创作，并将LEED金奖级认证的技术标准贯彻在项目从规划设计到建筑设计以及室内设计、景观设计的各个部分，从场址的可持续性要求、节水、能源系统、材料和资源再利用以及室内环境质量等各个方面严格标准，创新设计，结合建筑设计充分应用太阳能热水系统和雨水回收系统等一系列新技术，使该项目成为绿色建筑的整合设计。

底层商业屋顶的绿色被充分运用，高层住宅稍作退让，为联排别墅
留出了足够的景观面和良好的居住氛围，实为本项目的点睛之笔

06

08   09

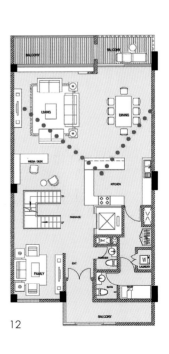

12

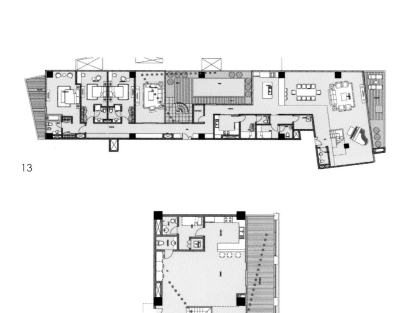

13

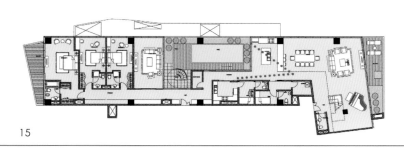

14

15

16
17

18

Discussion on the Design Trend of Urban Luxury High-rise Residence
都市高层豪宅设计趋势漫谈

与近郊独幢别墅不同，都市高层豪宅之所以有这样的要求，是出于对生活习惯、品质需求和身份认同等的综合考量。根据对都市高层豪宅目标客户的研究，发现这部分人群年龄层次分布较广，从30-50岁不等。他们多为成功的企业家，或是从富豪家庭出生的年轻一代，也包含一些港澳台地区及外籍的投资客；他们中多数都有丰富的投资经验，需要利用城市中心的交通和娱乐设施，为他们的工作和交际提供便利；大多数目标客户的家庭结构一般是两代人，其中一部分人会考虑到家庭中其他成员的要求，也会为了孩子所处的环境考虑，除了选择一所能够提供全面高水准教育的学校以外，居住环境是否能够为孩子将来融入高端交际圈创造便利也是他们考虑的一个方面。

过去，谁才是对住宅——无论是民居还是豪宅的品质起到关键性作用的人呢？是使用者，而不是开发商或者建筑师。但是现在为何将建造一个"家"的乐趣转移给了开发商或是建筑师呢？源于使用者们终究是使用者，而非所有者。他们不愿意将过多的金钱和精力投在一个只有70年的非恒产之上，所以这些对于生活的需求，建筑师必须要给他们安排好，同时还要创造条件让他们能方便地进行豪宅买卖，也就是保持豪宅的金融属性。因此，建筑师在设计豪宅时，就不能仅着眼于建筑本身，而要在更高和更深的层面进行考虑。

据此，CCDI在以下几个方面对都市高层豪宅设计提出了自己的设想：

一、参与塑造城市界面

都市高层豪宅的品质与城市界面的展现息息相关。最近经常被提起的"豪宅公建化"实际上是都市高层豪宅对于城市界面塑造的重要反映，以及对过去城市住宅纷杂立面的"拨乱反正"。整肃的立面、挺拔的层高、现代化的用材都让都市高层豪宅呈现出与普通住宅截然不同的气质，满足了都市豪宅消费者身居城市的高处，将城市胜景尽收眼底的心理需要。

城市界面是人与城市的第一接触，体现了外部空间与内部空间的关系，是连接城市与建筑的焦点，同时也代表着如何以设计力量来调和城市与建筑双方。由于工业化影响下的城市的臃肿膨胀与充斥的建筑复制品，城市界面显现出一种混乱无序的状态，城乡之间的差异化并没有很好地进行区别。

过去城市中比比皆是的郊区化城市住宅立面是在城市发展中走的弯路。随着国内城市化水平的提高，为了符合现代都市对于城市界面整齐有序的要求，都市高层豪宅担任了塑造城市界面的先行者。同时开放的城市界面成为未来的趋势，建筑师如何在讲究私密性的豪宅设计中，将豪宅建筑参与到整个城市界面塑造中来？

CCDI认为，要破除过去豪宅社区人为的封闭式格局，让豪宅社区以开放的面貌面向城市，以亲和的态度接纳城市、融入城市，从而获得最佳的观景面。豪宅的私密性并不只是通过高耸的壁垒与冷峻的门禁系统来完成，而更应是通过复合化的空间界面来完成。在具体的豪宅设计中，设计师可以通过开放的大环境吸引人气，增强豪宅社区中的人情味；在豪宅住区的内部设计不同层级的街区和道路，营造亲人的尺度，创造富有变化的空间肌理；利用住区内丰茂的景观资源形成入户前的第一道天然屏障，成为进入豪宅前的半公共空间，保证业主的私密需求；通过隐于密植中的"公建化"建筑立面，以一定的数量和高度形成连续且具有标识性的城市界面，宣告住区内豪宅的身份和地位。

豪宅业主既然选择了都市豪宅作为安家之所，表示他们并不希望离开城市这个大环境。城市中来往的不同人群也许会对他们的生活造成困扰，设计师却可以通过递进的空间层次来逐步减弱外部环境对区内的影响。豪宅的品质并不在于封闭式环境下的孤芳自赏，而应该是在开放环境中的高瞻远瞩。参与塑造城市界面是建筑师在设计最初需要考虑的定位，至于进入具体设计层面后，外墙立面设计和材料选择、户型空间安排、交通流线设置、各层次景观的植入，甚至包括配套的高新技术和奢华家居用品……这些"一个都不能少"。

二、成为城市综合体的一部分

居住功能原本是作为城市建筑综合体中平衡酒店、零售、办公等功能的重要辅助部分，并没有得到充分的重视。城市综合体在过去发展中往往以商业综合体的面貌出现，造成的结果就是综合体内部人气的缺失。商业部分的过度强调，加上城市规划的"一刀切"，让城东的人们跨越整个城市来到城西工作，下班后又再跨越城市回家，除去时间成本，更造成了巨大的资源浪费。而白天车水马龙的商业综合体于夜幕下竟然死气沉沉。

都市豪宅的客户都是身处城市中心的人群，他们在享受城市资源以外，同样也需要完备的生活配套设施。CCDI早在2003年和2005年便就住宅如何在综合体中占有一席之地这个命题做出了探索和实践，不仅作为中和城市综合体的配套功能，更是作为整个综合体的主导。2003年设计的北京昆仑公寓和2005年设计的华润幸福里如今在当地当仁不让地成为都市豪宅典范，都是以居住功能为主导，酒店功能作为项目亮点，打造城市核心高端居住品质的成功案例。

昆仑公寓毗邻北京著名的昆仑饭店，处于北京繁华的燕莎商圈中心，与各国使馆区和朝阳公园大片城市绿地隔水相望，具有良好的商业、文化和景观氛围。区位决定项目品质。一层一户、仅有23套的昆仑公寓从诞生伊始便注定要走"高端"路线。然而真正决定昆仑公寓高端品质的，是由昆仑饭店统一实施的五星级酒店式管家服务的物业管理。CCDI认为，从类型看，昆仑公寓实质是住宅+商业+酒店的城市综合体项目，其中商业部分和豪宅之间的动静差异通过各自独立的流线体系来实现，使得项目整体含蓄内敛。由于依托昆仑饭店，本项目的物业管理比起同类项目来高端了许多。这也在CCDI内部引发了如何通过外部有利条件打造住宅项目物业优势的话题。

2005年，CCDI与RTKL合作设计的华润中心二期项目集五星级酒店、都市豪宅、休闲购物、文化娱乐和特色餐饮于一体。独立的五星级君悦酒

区启高　CCDI人居环境设计中心 总建筑师
李品一　CCDI 悉地国际 建筑研究员

店和包围着酒店的三幢都市超高层豪宅成为该项目的亮点。住宅部分被命名为幸福里,由三座49层的超高层都市豪宅组成,双L字形的楼体与君悦酒店向上优雅伸展的折扇形外观相呼应,在形体上形成了紧密的水平联系。和昆仑公寓双塔建筑中酒店式公寓与都市豪宅之间的垂直联系不同,华润中心二期 通过水平流线分布,让酒店和住宅若即若离。君悦酒店品牌的入驻提升了地块整体的水平,同时为周围的豪宅提供了优质的服务,豪宅业主在尊享幸福里高端物业的同时也可尊享五星级酒店的优质服务。

三、 增加室内弹性空间的定制程度

主卧或客卧在都市豪宅中都需要独立成套,所不同的是配套空间的数量与面积,用以体现在豪宅中主与客之间的区别。针对弹性空间的"定制",本文主要集中讨论都市豪宅室内的转换空间和社交空间。

转换空间和社交空间可谓是都市豪宅内的公共空间。转换空间类似于"灰空间";社交空间这个概念则更为模糊,大致上就是包括餐厅、起居室等能让人聚会在一起进行社交活动的场所,比如沪上知名的香港名媛林明珠在她衡山路的豪宅中有一处长厅就是这样的场所,该厅可以摆放同时供五、六十人就餐的实木长桌。

转换空间不仅可以调节平层豪宅大进深空间过于冗长的空间节奏,在都市豪宅中营造出中国传统的串联式院落型制大宅的空间感受,还可以创造富有现代审美意趣的都市生活场所。"不割裂内外,又不独立于内外,而是内与外的一个媒介结合区域"——黑川纪章阐述"灰空间"理论的一个重要切入点,可以作为描述都市豪宅中转换空间的一个注解。过去都市豪宅的转换基本由小型的起居室来担任。然而,随着现代生活的多元化以及豪宅业主审美水准的提升,被割裂的小型起居室无法在都市豪宅中起到串联内部空间,创造"剥离时间所呈现的片段式场景"的功能。高质量的豪宅若仅有与众不同的豪华立面或是优越的区位是不够的,成为人们聚集或是离散的诗意场所是未来的趋势。这也是物质积累至一定高度后人们的精神诉求的目标。为了营造出这种诗意的场所,转换空间的设计需要参与到业主的具体生活与审美趣味之中,以开放的设计手法创造多种功能,实现套内空间的整体串联。

社交空间在都市豪宅中如何定制,对于设计师来讲是一个重要挑战。针对不同种类的业主,社交空间的大小有着明显的区别,比如享受型的豪宅业主在生活中更为内向,他们将都市豪宅基本定位于家庭居住的地方,会对舒适度有很高的要求;而理财型的业主则不同,他们将都市豪宅作为自己工作和商业交往中的一部分,他们较前一类业主更需要广阔的聚会空间。因此,设计师需要将豪宅中的餐厅和主要起居空间进行联通和弹性定制,在满足一定数量人群聚集的同时,更要考虑到客户的日常生活,通过临时装置或推拉系统等设备对空间进行定制,做到私人生活和公共社交两不误。

四、 都市豪宅设计细节元素

作为最能反映豪宅品质以及体现业主生活品位的元素,都市豪宅的细节设计是设计师需要充分考虑的。

1. 电梯空间的豪华享受

功能上,都市豪宅项目的电梯设计一直以来并没有太大突破,指纹识别、密码识别、IC卡智能系统等较先进的电梯功能似乎已成为"标配"。不过,近期有人提出取消电梯的指纹识别,增强密码输入功能。比如,被可疑人员跟踪时,可以通过输入不同的密码开启警报系统。然而,电梯间的内部装修却从一开始的简朴慢慢走向"豪装"。电梯间原本被认为是和个人生活关系较为松散的部分,随着现代人对于生活品质的要求逐年提升,电梯间成为了迈入私人空间前重要的过渡空间。除了豪华的大堂,舒适高贵的电梯空间也成为评判豪宅项目品质高低的重要衡量标准。

2. 地下车库的多重感受

业主从地下车库直接入户已经成为都市豪宅设计的"金科玉律",长久以来设计师都关注于地下车库与豪宅室内的流线关系,避免和其他人不必要的接触,保证业主私密空间的完整性。然而,豪宅设计师是否还应该考虑到业主的身份以及他们拥有的名车数量? 如果在地下车库中加入展示和聚会的功能,是否能让名车拥有更多的展示机会,让业主拥有精彩的社交生活呢? 这种功能的引入在独幢别墅中是很容易做到的,如何在都市高层豪宅的地下车库中为业主提供展示与聚会的空间,还有待进一步研究。

3. 智能化设备全方位引入

随着科技的发展,智能化的设备除了用于安保以外,更融入了都市豪宅的日常生活之中。如果说城市郊区的豪华独幢别墅还承载着业主们对于乡村自然生活的渴望,都市高层豪宅则完全应该以凸显城市高端生活品质为己任。对先进高新科技成果的享用彰显着都市豪宅业主占有整个社会稀缺资源的地位,也提高了都市豪宅抗市场政策风险的能力。

豪宅设计,既是一种高尚生活品质标杆的树立,更是一种诗意栖居生活方式的打造。设计师在其间扮演的角色及其重要程度,直接影响着其所代表的设计品牌在未来豪宅设计市场中的份额。

在住宅市场向两端发展的时势下,豪宅设计已成为CCDI重要的目标业务之一。面对国内豪宅市场的政策变化,CCDI顺应时势,将高端居住产品的设计力量转向都市豪宅,并且预言,都市豪宅将以高层的形式出现,CCDI企业内部对于都市豪宅这类产品深度的认识和设计上的创新,将成为设计师创作豪宅精品的有力后盾。

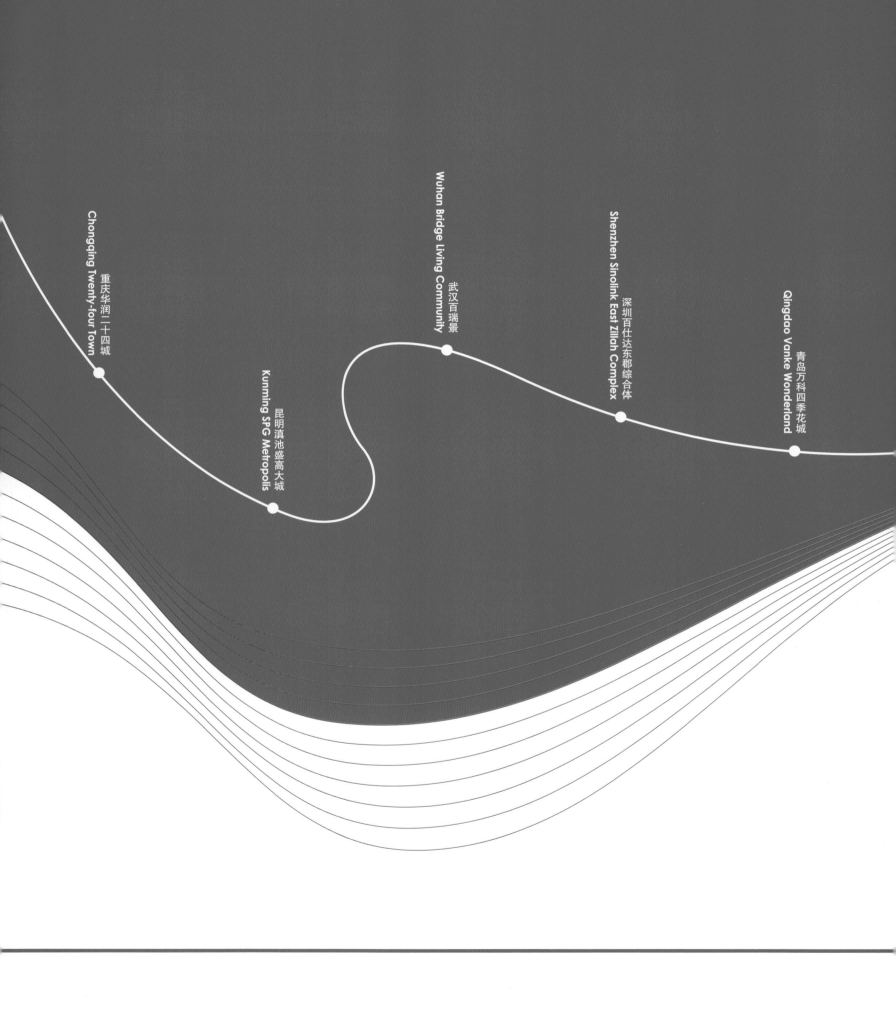

重庆华润二十四城
Chongqing Twenty-four Town

昆明滇池盛高大城
Kunming SPG Metropolis

武汉百瑞景
Wuhan Bridge Living Community

深圳百仕达东郡综合体
Shenzhen Sinolink East Zillah Complex

青岛万科四季花城
Qingdao Vanke Wonderland

成都万科金域蓝湾
Vanke Jinyu Lanwan Community

南京复地新都国际
Nanjing Forte World New Metropolis

成都龙湖三千里
Chengdu Longhu 3,000 Lanes

苏州天地源"水墨三十度"
Suzhou Tande Inkwash Thirty

沈阳华润橡树湾
Shenyang CR-Land Oak Bay

住宅开发的全程设计服务
Whole Process Service in Residential Development

大型居住社区
Large-scale Residential Community

大型居住社区建设的发展是中国住宅建设向注重居住质量发展的一种体现，也是中国房地产市场走向成熟的一种标志。

大型居住社区在社区营造、社区配套、开发建设、整体规划、品牌创建以及运营管理等方面具有较强的优势，但同时也有着自己的难题：如何在长周期开发过程中长久保持市场竞争力？如何区分并定位庞杂的客户群并将其反映在分期与分区规划设计中？如

何协调整体开发的资金与开发销售节奏？

大型居住社区是CCDI的主流产品。在CCDI，每年有数十个大型居住社区项目得以设计实施，面积达上千万平方米。十多年来，CCDI在与各知名开发商的长期合作中积累了丰富的经验与技术。

08

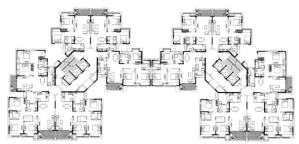

09

07. 高层住宅围合下的会所庭园　　10. 带玻璃顶的过街连廊
08. 3号楼标准层平面图　　　　　11. 带玻璃顶的过街连廊
09. 3号楼一层平面图　　　　　　12. 高低错落的山地会所空间

10
11

建筑师在设计中采用了"保留"、"移植"、"叠加"、"重构"、"演绎"
　　　　　等手法，将原有价值资源改造成为具有历史价值的标识，丰富了社区的内涵 ————

12

昆明滇池盛高大城

Kunming SPG Metropolis

项目信息:

总用地面积: 107 700m²
总建筑面积: 362 000m²
容积率: 3.5
总户数: 3 920
建筑密度: 16%
建筑层数: 11-32层
设计/竣工: 2008 / 2011
合作设计: PTW
开发单位: 昆明盛高置地发展有限公司
项目地址: 昆明市西山区

CREDITS

Site Area: 107,700m²
Gross Floor Area: 362,000m²
Floor Area Ratio: 3.5
Gross Unit Number: 3,920
Coverage Ratio: 16%
Building Floors: 11-32
Design/Completion: 2008 / 2011
Collaboration Design: PTW
Developer: SPG Land Limited Kunming
Project Location: Xishan District, Kunming

随着产业格局的转变与生产力的发展,城市中心的土地资源变得日益金贵。如何满足不断涌入城市的人们的需求并且保持城市良好的公共环境?面对西方城市化进程中产生的一系列问题,法国现代派建筑大师Le Corbusier(勒·柯布西耶)早在1923年于其专著《走向新建筑》中就提出了"新都市乌托邦"规划理念,以竖向发展作为未来城市住宅发展的趋势分析。这代表了在将近一个世纪前,现代建筑之父便从带有前瞻性的视野出发,预言了当今城市发展的方向,并且在种种掣肘之下为人们开辟一条栖居之路,同时也成为在20世纪80年代晚期于美国兴起的"新都市主义"运动之滥觞。如今,中西城市发展的趋同使得我们同样面临了相似的问题。

本项目位于拥有良好山水景观的昆明市滇池区,基地现状为平地,起伏不大。整体布局以中央水景作为景观轴线,将东侧高层住宅与西侧小高层住宅进行串联,并且与西侧小高层住宅围合形成七个不同主题的花园,层层递进,横向上将小区划分为七个次级组团。

小区整体规划分区明晰,东侧高层住宅沿高架排布,隔断出相对安静的小区内部环境。西侧小高层沿基地原有路网排列,互有进退。从高层到小高层的跌落,再延伸至西南金牛小区的多层住宅小区,使得本

01

01. 总平面图
02. 社区景观

03

04

地块融入到整个大环境中去，而层级式的变化使得本地块与毗邻的地块一同寓意了原野的梯田，形成了丰富的天际轮廓线。

由于小区拥有丰富的生态景观，设计师在处理建筑单体上选择以简洁纯净作为设计方针。纵向感的体块成为立面设计的主题，配合金灰色方形面砖为主和其他淡色构件元素进行穿插，塑造出符合设计方针的建筑单体感觉，而交错的退台将建筑山墙给原有住区的空间压迫感瓦解。虽然新建筑要比原有建筑高出许多，但设计师沿用与原有建筑长度相同的立面单元、相同的开窗尺度等一系列相似的尺度感，使得新老建筑间得以顺利衔接，淡化了两者的冲突。

本案扬弃了单一屈从城市化或郊区化的纲领，立足于项目本身、关注基地周边环境，通过竖向发展留出足够的公共空间，在小区内部构建亲切的邻里关系，在有限的土地资源限制条件下创造出和谐共生的居住环境。

05

06

07

层级式的变化使得本地块与毗邻的地块一同

寓意了原野的梯田，形成了丰富的天际轮廓线 ————

08　　　　　　　　　　　　　　　　　　　　　　　　　　09

武汉百瑞景

Wuhan Bridge Living Community

项目信息：

总用地面积：527 000 m²
总建筑面积：1 200 000 m²
容积率：2.0
总户数：9400
建筑密度：17%
建筑层数：15-33
设计/竣工：2008 / 2011
开发单位：
中铁大桥局武汉地产有限公司
项目地址：
武汉市洪山区

INDEX

Site Area: 527,000 m²
Gross Floor Area: 1,200,000 m²
Floor Area Ratio: 2.0
Gross Unit Number: 9400
Coverage Ratio: 17%
Building Floors: 15-33
Design/Completion: 2008 / 2011
Developer:
China Major Bridge Real Estate
Project Location:
Hongshan District, Wuhan

本案位于武昌区原武锅集团老厂区，总用地53公顷，拟建地面建筑面积106万m²，其中住宅96万m²，并配有学校、幼儿园、会所、文化书院、商业等配套公建。项目一期组团占地74亩，位于整体用地的南面。

区内住宅由点式与板式高层结合，空间通透，形成高低错落、变化丰富的空间形态。内部营造300m长近30000m²的集中大花园，每户居住空间面对中心景观带，拥有良好的朝向。

设计注重保留基地部分原有植被，并且移植了工业化风格的水塔，将污水处理池演绎为景观水体，塑造了叠加在历史上的新都市街区生活分为。沿街设置部分商业和会所，内部设有泛会所，楼层底部局部架空，以提供集室内与室外自然为一体的公共活动空间。

住宅首层局部架空，结合串联于中心景观带的架空长廊，形成半开放空间，作为儿童活动场所或休闲茶座。通过建筑的穿插与渗透，营造丰富而有趣味的景观空间。

停车空间的设置取自场地现存的5-6m自然高差，设置集中地下车库结局停车问题，同时减少了土方量。在外围机动车道一侧设置少量临时停车位，作为访客或出租车停车之用。

建筑立面沿用Art Deco风格，并加以深化，结合老工业厂房的原有肌理，试图营造新都市生活的空间氛围，实现历史和现代的有机结合。立面采用石材、槽钢、玻璃灯不同的材质穿插，既怀念手工时代产品的精致和自然，又综合了当时正在兴起的机械美学，高立挺拔的体量，刚柔并济的西部线脚彩绘着建筑的每一部分。以典雅稳重，华贵坚实，细腻丰富容于一体，实现历史的延续和城市的复兴。

01

01 鸟瞰图
02 小区内部实景一
03 小区内部实景二

武汉百瑞景社区开发结合老工业厂房的原有肌理, 试图营造
新都市生活的空间氛围, 实现历史和现代的有机结合 ————

深圳百仕达东郡综合体

Shenzhen Sinolink East Zillah Complex

项目信息：

总用地面积：40 800m²
总建筑面积：318 000m²
容积率：5.3
总户数：1 036
建筑密度：49%
建筑层数：32层
合作设计：ARQ
设计/竣工：2005 / 2008
开发单位：百仕达地产有限公司
项目地址：深圳罗湖区

CREDITS

Site Area: 40,800m²
Gross Floor Area: 318,000m²
Floor Area Ratio: 5.3
Gross Unit Number: 1,036
Coverage Ratio: 49%
Building Floors: 32
Design/Completion: 2005 / 2008
Collaboration Design: ARQ
Developer: Sinolink Properties
Project Location:
Luohu District, Shenzhen

02

01

01. 东区鸟瞰
02. 高层住宅立面仰视

088

深圳百仕达东郡分东西两区, 其中西区以住宅为主, 东区 (本案) 是集居住、购物、办公、酒店等多功能于一体的城市综合体项目。建筑师在规划设计中, 注重营造多层次的共享空间, 保证领域完整性和领域层次感, 形成小组团小空间到城市大空间、从私密空间逐渐向公共空间的过渡。这种柔性边界和过渡空间与东区综合体的曲线轮廓呼应, 赋予东、西两区以整体感。

与较为规整的西区空间不同, 东区场地复杂, 限制较多。建筑师利用曲线造型实现了内部功能和城市空间的契合: 总平面布局宛如

一条鱼, 沿着微微下滑的地形, 破浪而出, 隐喻"鱼跃龙门"的典故; 而住宅楼体与商业裙房横向线条的层次感宛如鱼鳞, 共同组成了建筑立面的符号和语言。

南侧的弧形商业界面结合西侧的开放式入口, 将购物人流自然地引入基地; 而弧形住宅直落裙房顶部, 架空的底层与裙房的屋顶绿化形成了弯曲的绿色景观步道, 创造出颇有趣味的休闲空间。

高层公寓呈弧片状布置, 增加了采光和景观面。其立面强调了水平阳台的连接处理, 白、灰两色的混合使用增强了住宅楼体的空

间感, 并且加强了东、西两区在横向上的联系。

基地东端高达150m的酒店办公综合楼, 它的竖向弧线主题与东区的曲线轮廓相吻合, 又仿佛一道终止符, 将由住宅横向线条引申开去的延伸感收拢了回来。

在该项目设计的全过程中, "弧形"成为贯穿始终的建筑语言。同义语言在不同位置、不同尺度、不同材质上的反复应用, 最终成就了综合体的整体感和标识性。

05
06

建筑师利用曲线造型实现了内部功能和城市空间的契合——总平面布局宛如一条鱼，沿着微微下滑的地形，破浪而出，隐喻"鱼跃龙门"的典故

07

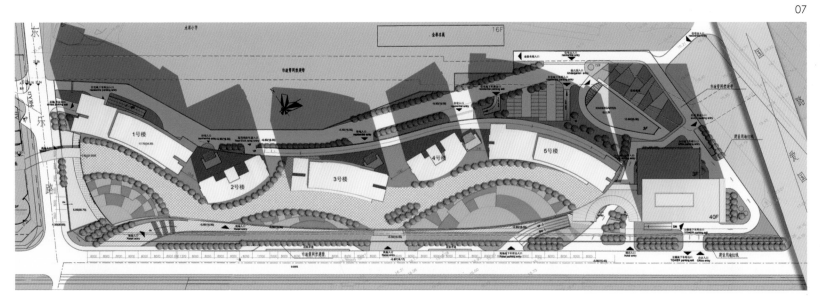

青岛万科四季花城

Qingdao Vanke Wonderland

项目信息:
总用地面积: 200 000m²
总建筑面积: 400 000m²
容积率: 1.7
总户数: 3 400
建筑密度: 18%
建筑层数: 4-14
设计/竣工: 2006 / 2008
开发单位: 万科集团
项目地址: 青岛即墨市

CREDITS
Site Area: 200,000m²
Gross Floor Area: 400,000m²
Floor Area Ratio: 1.7
Gross Unit Number: 3,400
Coverage Ratio: 18%
Building Floors: 4-14
Design/Completion: 2006 / 2009
Developer: VANKE Group
Project Location:
Jimo, Qingdao

本案距离青岛市中心约40km, 而离著名景点崂山风景区也仅有20分钟的车程。建筑师充分利用本项目优越的地理位置以及丰富的文脉资源, 将对于地域与自然的尊重渗透在设计的每个细节之中。

项目整体的规划以统一性和个性共存为主导, 在保持了万科"四季花城"产品特色以外, 更结合了青岛当地特色。小区由一条步行情景大道进行串联, 与中央区域的绿色组团小道一同构成主干绿轴, 打造了小区良好的景观品质, 并且与区域周边环境融为一体。而住宅成了点缀绿色组团之间的镶嵌物, 每一座住宅建筑的外部都包裹着青岛人熟悉的植物: 槐树、悬铃木、松树……

景观轴和环形道路将高低错落的建筑楼体进行串连, 居住小区脉络一气呵成, 并且形成了丰富的天际线感受, 和周围的自然景观进行的对话, 扩大了小区的外延。

本案的社区组团采用了传统居住方式"里"

作为唤起居民记忆的方法。在每一个组团设计中, 分为多层和高层两种, 结合二级管理设计, 努力营造"里"的生活氛围及美好的空间感受。

建筑立面使用高档面砖及双重玻璃等建筑材料, 配以淡雅明快的色彩和细致的线脚, 凸显了本案较高的居住品质。

在每幢建筑单体之间, 设置组团级绿化空间, 与居住小区环状绿化道相连, 形成主次分明的绿化空间体系。在小区入口空间、景观轴的节点以及其他重要场所布置了大小不同的广场空间, 提高了空间的凝聚力, 增添了居民的归属感。

一座具有深厚历史底蕴的小城, 即墨以其本身的气质和在历史长河中留存的记忆碎片, 为本案创造了得天独厚的优势条件, 结合了设计师具有人文尺度的空间设计, 使得本案在即墨当地成为具有强烈识别性和栖居感的优秀案例。

01

01. 总平面图
02. 居家入口

06

07

08

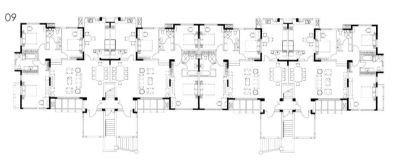

09

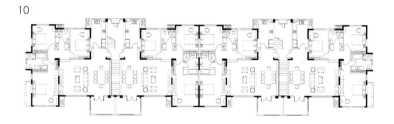

10

11

一座具有深厚历史底蕴的小城，即墨以其本身的气质
和在历史长河中留存的记忆碎片，为本案创造了得天独厚的优势条件———

04. 社区景观　　08. 多层住宅首层平面图
05. 鸟瞰图　　　09. 多层住宅二层平面图
06. 社区景观　　10. 多层住宅三层平面图
07. 社区景观　　11. 多层住宅四层平面图

成都万科金域蓝湾

Vanke Jinyu Lanwan Community

项目信息：
总用地面积：46 900m²
总建筑面积：240 000m²
容积率：5.0
总户数：2 200
建筑层数：4-35
设计/竣工：2006 / 2009
开发单位：万科
项目地址：成都市成华区

CREDITS
Site Area: 46,900m²
Gross Floor Area: 240,000m²
Floor Area Ratio: 5.0
Gross Unit Number: 2,200
Building Floors: 4-35
Design/Completion: 2006 / 2009
Developer: VANKE
Project Location:
Chenghua District, Chengdu

02

01

01. 沿河人视效果图
02. 鸟瞰图

本案所在片区，周边文化资源、景观资源丰富。随着旧城改造，向东发展的城市战略实施，将一改繁杂的东郊工业片区景象。用地的隐含价值也将得以充分体现和提升。

设计立足于当地的文化底蕴，体现巴蜀文化、历史文脉，结合现代居住生活理念，以现代的设计手法，打造舒适、亲和的人居环境。小区整体采用了U字形半围合＋点式塔楼中心大花园的布局方式。在小区动线上，设计实现人车分区、分流，从而形成安全便捷的人性化交通组织。通过内部的高品质住宅组团，以及外部设置沿街商业空间和生活服务配套设施，将商业和居住空间进行有效区隔和联系，既保证了居民的生活便利，同时也构成了居住小区整体"外动内静"的良好氛围。西侧的集中绿地与三座点式高层住宅融为一体，在城市中心创造了一处"别有洞天"的住宅小区。

建筑形式采用新古典主义，创造出独特的"怀旧风情"街区。在立面上，遵循古典建筑的比例；在色彩上，运用现代材料、科技手段进行演绎；在立面形态上，

03

04

强调细节、尺度、构件之间的比例，强调外墙及屋顶材料的色彩。三段式、简化的线角、竖形窗、简约柱式、丰富的光影变化，赋予建筑以灵魂。

景观设计以"西"为主，在西侧沙河50m的绿化带，自然形成了一个得天独厚的规模较大的集中绿地。U形的半围合庭院空间，与西侧集中绿地通过三个点式高层住

宅融为一体，形成了"园外有园，景外有景"的总体环境景观，为邻里交往、儿童游戏创造了良好的环境。

05

06

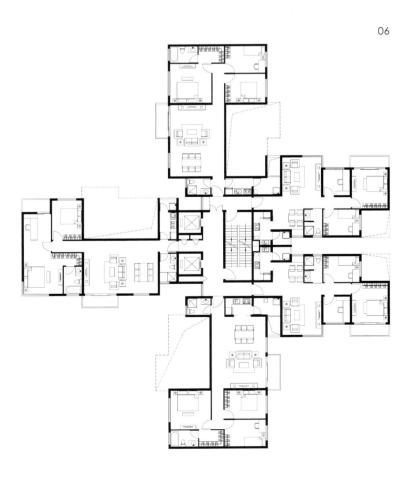

07

设计立足于当地的文化底蕴，体现巴蜀历史文脉，
以现代的设计手法，打造舒适、亲和的人居环境 ——

08   09

南京复地新都国际
Nanjing Forte World New Metropolis

项目信息:
总用地面积: 185 000m²
总建筑面积: 300 000m²
容积率: 1.7
总户数: 1 800
建筑密度: 20%
建筑层数: 3-24
设计/竣工: 2010 / 2011 (一期)
开发单位: 复地集团
项目地址: 南京市下关区

CREDITS
Site Area: 185,000m²
Gross Floor Area: 300,000m²
Floor Area Ratio: 1.7
Gross Unit Number: 1,800
Coverage Ratio: 20%
Building Floors: 3-24
Design/Completion:
2010 / 2011 (Phase 1)
Developer: Forte Group
Project Location:
Xiaguan District, Nanjing

南京是一座富含文化气息的城市。在当代中国城市发展的大背景里,南京的历史与文脉、优雅与缓慢、左顾右盼与举棋不定,都成为一种鲜活而独特的城市气质。五年来,南京的版图未像中国许多城市那样进行大规模扩张,而是小心翼翼地呵护着这座古城可能留存的种种气息,也使得许多近郊新建楼盘与市中心的距离其实近在咫尺,新都国际便是置身其中的一个案例。

南京复地新都国际位于南京核心城区未来滨江CBD辐射区域,紧邻红山森林动物园,是复地集团进驻南京市的首个多功能复合型公园社区。项目拥有地铁1号线及四通八达的公交体系、原本就具备的成熟商业配套、红山动物园森林绿肺等优势,加上对南京有线电厂原址的改建传承,使其一开盘就成为备受

关注的都市社区典范之作。

复地新都国际建设项目由南向北按地块分三期建设。地块一和地块三规划为二类居住及其配套用地,地块二规划为商业配套用地。建设项目的配套设施布置,将力求避免对居民生活的干扰,保证环境的洁净与安宁,按不同功能要求进行合理安排,并相对集中布置。商业及社区中心在居住区地块北侧的地块二上集中布设,大大减弱了对住宅区的影响;9班幼儿园设置在地块三的西南角,垃圾收集点则位于地块的东部。

本案示范区设计关系到整个楼盘的第一印象,如何营造出整个小区高品质的意境,如何将整个小区的文化脉络完整地展现出来?这需要一种完全不同于常规的设计模式才能体现出来。建筑师通过对基地的现场考察,

01

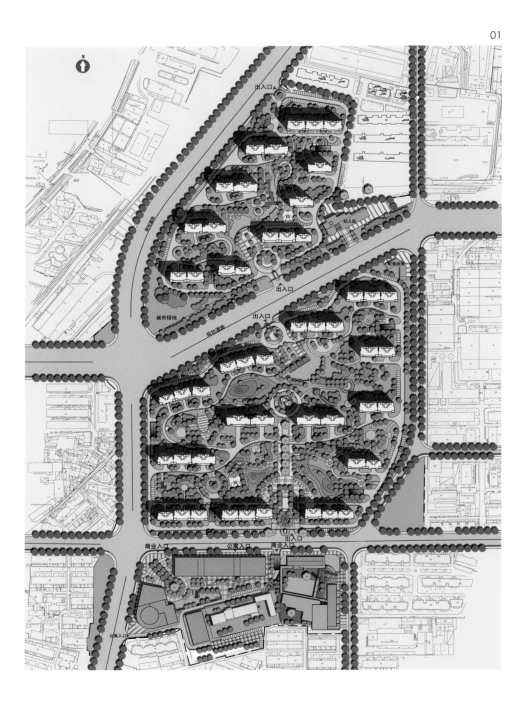

01. 总平面图
02. 鸟瞰图

发现高出周边场地6m的高台上，长满了几十年的老树，其中不乏珍贵树种，另外建于几十年前的苏联老专家楼，也颇具特色。于是，设计中以原有的基地文脉为基础，以树木、老建筑的保留为出发点，通过合理的布置，巧妙地回避了周边嘈杂、凌乱的环境，形成一个精致而内向型的示范区，非常贴合南京城市的内在气质。

05

06

07

08

设计中以原有的基地文脉为基础，以树木、老建筑的保留为出发点，通过合理的布置，巧妙地回避了周边嘈杂、凌乱的环境，形成一个精致的内向型社区

11

12

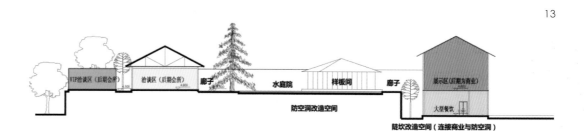

13

VIP洽谈区（后期会所）　洽谈区（后期会所）　廊子　水庭院　样板间　廊子　展示区（后期为商业）
防空洞改造空间　大堂餐饮
陡坎改造空间（连接商业与防空洞）

14

09. 会所瀑布与台地景观
10. 会所水庭院夜景效果图
11. 会所内院的水雾
12. 会所水榭与古树
13. 会所与商业空间剖面图
14. 会所水庭院夜景

项目信息：
总用地面积：55 000 m²
总建筑面积：323 000 m²
容积率：5.0
建筑密度：25%
建筑层数：34
设计/竣工：2006 / 2008
开发单位：龙湖集团
地理位置：成都城东成华区

CREDITS
Site Area: 55,000 m²
Gross Floor Area: 323,000 m²
Floor Area Ratio: 5.0
Coverage Ratio: 25%
Building Floors: 34
Developer: Longhu Group
Design/Completion: 2006 / 2008
Project Location:
Cheng Hua District, Chengdu

01

02

01. 高层A系列户型平面图
02. 鸟瞰图

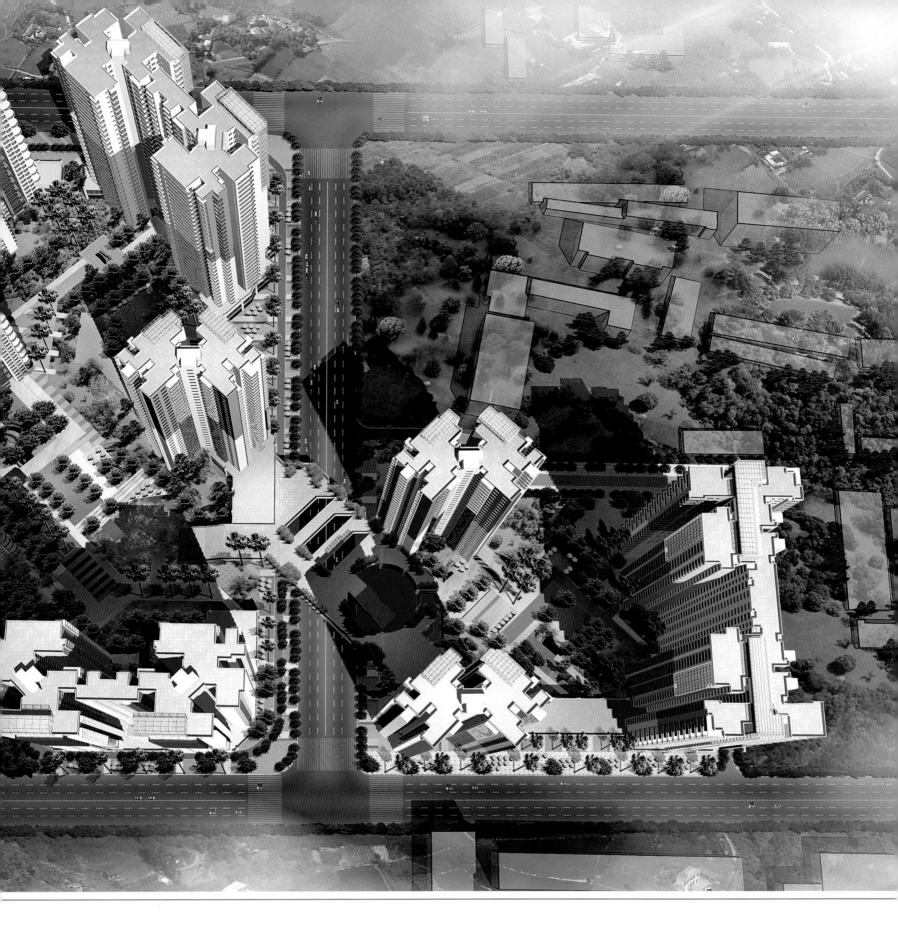

龙湖三千里位于成都城东成华区二环路东二段，项目周边美丽的沙河和绿化公园创造了良好的人居环境。整个项目由9组共15栋33层百米高层公寓住宅和商业裙楼组成。

由于社区容积率高达5.0%，稍不小心即可能成为巨大尺度的"城市积木"。设计师在规划上加倍谨慎，首先让住宅组团围合向心布局整齐而错落有致，形态配合城市主导风向，社区由此获得良好的自然通风；再通过立体绿化改善高层住宅的生活环境，让地面绿化与立体绿化有机地结合起来，创造一种新型的社区环境，亦同时营造一种亲近自然

的感觉。从建成效果来看，设计师为客户塑造了一个纯粹极致的"百米高层"大盘形象，合理的交通组织结构和集中花园布局，以及地下车库入口设计叠水瀑布的软景观，在很大程度上提升了住区的品质。

板式及点式的塔楼，形体高低错落有序，富有层次感。南北向板式塔楼近中央处预留空中花园，成为立体绿化概念中的一个主要特色。空中花园整体上增加小区内外视觉及空间的通透性，改善通风和采光，保证自然舒适的环境；微观上可将绿化环境带到高层住户，提供一处半公共的室外休憩空间，种植

管理上亦能较有效地控制，使大部分住户可享用，空间上与部分入户花园或阳台相互联系，延伸了室外空间。

建筑立面设计简约，动感，丰富的凹凸变化及有规律的横竖线条增强了立面的韵律。而通透且带变化的阳台更是本案的一个特点——局部向着城市规划道路交叉口的立面设置了较大的阳台，增加城市的景观及优势，部分远离中心花园或城市景观的单元亦利用飘出的阳台，将生活空间扩向有利的景观。

04

设计师为客户塑造了一个纯粹极致的"百米高层"大盘形象，合理的交通组织结构和集中的
花园布局，以及地下车库入口设计叠水瀑布的软景观，在很大程度上提升了住区的品质 ——

05   06

苏州天地源『水墨三十度』

Suzhou Tande Inkwash Thirty

项目信息：

总用地面积：154 000 m²
总建筑面积：385 000 m²
容积率：1.9
总户数：2 360
建筑密度：15%
建筑层数：11-25
设计/竣工：2008 / 2011
开发单位：天地源股份有限公司
项目地址：苏州市苏州工业园区

CREDITS

Site Area: 154,000 m²
Gross Floor Area: 385,000 m²
Floor Area Ratio: 1.9
Gross Unit Number: 2,360
Coverage Ratio: 15%
Building Floors: 11-25
Design/Completion: 2008 / 2011
Developer: Tande Co.Ltd
Project Location:
Suzhou Industrial Park, Suzhou

01. 鸟瞰图

01

02

03

本案采用因地制宜的布局方式和人性化的结构特征，营造优雅的居住氛围，为居住者提供亲切宜人的空间感受。小区——组团——邻里空间在此得到了强化，促进了人与人的交往，塑造了亲切可交流的界面。

小区交通系统采用人车分流，建立安全通畅的步行空间。车行路线主要集中在地下，小区车辆进入小区后，直接进入地下车库，通过地下车库与住宅地下室连接的通道进入电梯间，以达到地下车库直接入户的目标。地面主要以步行交通为主，营造步行景观系列，使小区空间连续通透，动静相宜。

贯穿小区南北的中央景观轴，开合收放有序，为各组团提供了优美的中心景观。另外，结合渗透在组团内部的组团绿地，以及沿街城市绿带等，保证了小区的每一住户均有较好的景观品质。

在控制套型面积的同时，我们更注意功能的合理性。客厅、餐厅南北相通，既空间宽敞，又有利于采光通风；厨房及餐厅较宽敞明亮；卫生间面积合理，配置齐全；同时玄关空间足够摆放鞋柜及换鞋；各户型南阳台宽敞舒适，北面有些户型还设了入户花园或空中庭院；室外空调机冷凝水统一排放，巧妙结合造型，立面风格统一。

住宅立面设计通过对屋面、墙面、门窗的不同材质、色彩、肌理的变化，形成朴实、简练、多样统一的具有现代感的建筑总体风格。整个小区建筑形象独特、轻巧，富于光影变化和错落的轮廓，在现代的居住氛围里渗透着传统地域文脉的亲切气息。

小区会所考虑初期的销售需要与日后的经营需要，设于地块北侧的钟园路上，与小区北侧的主要步行入口相结合，既营造了一个空间形象丰富的入口广场氛围，为小区居民提供了一个休闲、停留的场所；又增强了小区售楼处及会所的对外展示形象。同时会所底层商业又与步行轴东侧的社区便民商业形成一个良好的购物场所。整个商业会所空间流线清晰，过渡自然，有收有放，点线结合，穿插自由，为整个小区提供了一个愉悦的休闲购物场所。

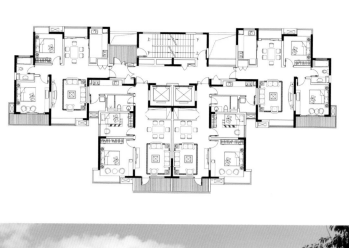

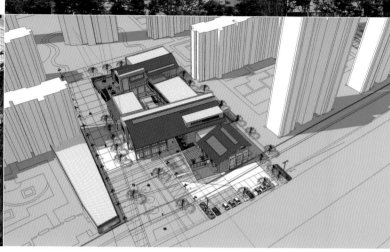

04
05

06
07

整个小区建筑形象独特、轻巧，富于光影变化和错落的轮廓，
在现代的居住氛围里渗透着传统地域文脉的亲切气息 ——

08

沈阳华润橡树湾

Shenyang CR-Land Oak Bay

项目信息：
总用地面积：118 400 m²
总建筑面积：194 900 m²
容积率：1.3
建筑密度：20%
建筑层数：5-11层 （多层，小高层）
设计/竣工：2008 / 2011
开发单位：华润置地集团
项目地址：辽宁省沈阳市

CREDITS
Site Area: 118, 400 m²
Gross Floor Area: 194, 900 m²
Floor Area Ratio: 1.3
Coverage Ratio: 20%
Building Floors: 5-11 Floors
Design/Completion: 2005 / 2010
Developer: CR-Land Group
Project Location:
Shenyang, Liaoning

01

02

01. 建筑透视图
02. 项目整体鸟瞰图

英国人怀有这样的生活信条，"Working for living, not live to work"。在中国传统文化中，人们对美满生活的理解可以概括为"各安其居而乐其业，甘其食而美其服"。有品质的生活是一个关于居住的最终梦想，沈阳橡树湾将这个梦想打造得温文尔雅又不失高贵。

步入橡树湾的领地，这处显露着英伦风情的社区跃然眼前。红墙、坡顶、老虎窗、铁艺栏杆、手工窗饰拼花图案，渗透着自然的气息，一切可触及的细节流露，继承了英伦低调奢华的精神气质。

位于社区中央的会所采用L字形建筑体量，

南面景观大道，东临清澈湖面，最大限度将阳光、水面和绿化景观引入房间。立面采撷Tudor风格特有的细节元素，点缀在朴实的外观下，引导视线在墙面、山墙、尖塔之间流动，每一处线条，一笔一画，一点一滴，谨慎而考究，令它们稳重、深邃、风度款款而略带历史沧劲之美。联排别墅采用独有的New-Tudor风格，高耸的瓦顶，深色的红墙，哈同别墅般的老虎窗，一步阳台的设计，这些纯粹的元素诠释着英式建筑所特有的庄重、古朴，处处以细节来告白不着痕迹的优雅。同时，这种多样的组合创造了错落有致的邻里界面，使整个社区的骨子里透露着人与人之间的亲情。

花园洋房则为住户提供了一种富有情趣的类别墅生活体验。阁楼、露台和花园的设计，空间感觉极为舒畅，恰到好处地融合了英伦风度与中式内里，让每一家住户都能享受庭院式的居家生活。高层和小高层住宅则强调简洁流畅，挺拔向上的线条感，顶部以金字塔状台阶式退台，强调对称的构图和干净利落的表达，视觉上比现代的极简风格显得更为稳重和成熟，透出历史和文化的韵味。

蓝天之下，碧波之上，凝重的墙面，深灰的屋顶，自由的布局，加之投射在砖墙上斑驳的疏影，打造了一片充满诗意般幸福感的生活社区。

03

04

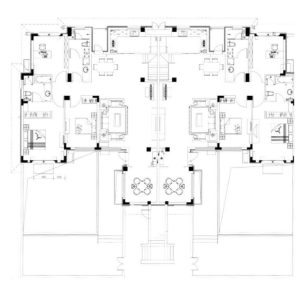

05

07

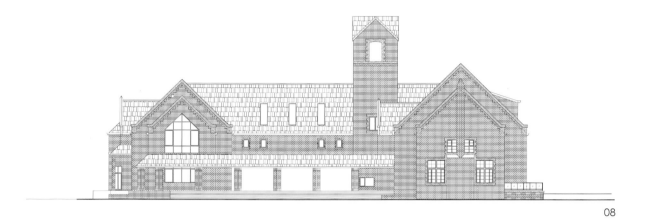

08

09

10
11

红墙、坡顶、老虎窗、铁艺栏杆、手工窗饰拼花图案，渗透着
　　　自然的气息，一切可触及的细节流露，继承了英伦低调奢华的精神气质 ————

12

Whole Process Service in Residential Development

住宅开发的全程设计服务

一、全程设计服务的缘由及概念

全程设计服务是建筑设计行业服务模式的新创新，是由传统的技术产品输出的服务模式转向综合技术服务的创新服务模式。

传统的建筑设计行业一直以来都被认为是在做创意，设计输出的商业形式多半体现在出售设计图纸。产品是一个有形的物体，建筑设计的产品也就是方案文本、初设文本及施工图蓝图，这也是绝大部分建筑设计同行都在实施的设计成果输出流程，这个模式可以称之为技术产品输出，或设计产品输出、或简称产品输出，所以产品输出就是各阶段设计文件成果的输出。

但随着人们生活水平的提高，市场的需求，尤其是客户的需求都在发生着不断的变化，房地产行业，或者放大到基本建设投资行业的需求和要求都在不知不觉中发生了很大的变化，有很多场合已经不能满足于原来单一的技术产品输出的模式。

房地产或基本建设行业，无论是公共投资还是民间投资，从金融资本的角度来说，其归根到底究竟是一个投资行为。作为房地产开发企业的业主，耗费众多资金取得一块土地资源后开始策划土地之上的产品时，一般是委托一家设计单位或进行设计招标确定一家设计单位进行建筑、景观等设计，这实际上是等同于将此业务外包给设计公司。这样的外包与生产企业有着本质的区别，生产企业把产品外包给外加工的企业时有非常严格、细致、系统的一套产品标准，但是作为房地产开发企业外包给设计公司时，往往没有很详细的需求书，只是通过只言片语或者开会的沟通方式，将业主的要求进行传递，这种模式中把复杂的房地产开发过程中对耗费巨资购买的土地上的产品之需求都表达详尽是不可能的事情。过去设计行业传达这种需求最有代表性的是设计任务书，在小规模的投资范围内可能还有一定的作用，但面对复杂的市场形势时，再详尽的设计任务书也不能满足于市场的多样化需求。那么对于通过开会沟通或设计任务书得到的设计成果会是怎样呢？我们可以这样来理解，设计行业和房地产行业捆绑在一起进行产品设计时，实际上是捆绑在一起做期货，因为两个行业捆绑而成的设计成果，也就是土地之上的产品，是要面对两年后或者更长时间以后的市场。众所周知，中国的发展速度超出所有人想象，这样具有OEM性质的期货生产，如此复杂的技术研发过程，创作设计过程自身具有很大的产品市场风险。如何规避这个风险，仅仅依靠简单的产品输出将会有很大的局限，也远远满足不了市场的需求。建筑设计处在产业链的中间环节，既要满足投资需求又要满足末端客户的使用需求，基于这样的服务需求，只有跳出原有的技术产品输出的狭窄概念，迈向更高一步的设计服务输出才能解决上述问题。当跨越成功的时候，设计产品输出仅仅是设计服务输出的某个环节，设计服务输出的范围、内容、深度都远远超出了设计产品输出的狭隘定义。

综上，全程设计服务就是在传统的产品输出模式已不能很好地解决客户基于投资所需而给予期待的所有设计相关问题的时候，转变为提供综合技术服务输出的新理念、新模式。

二、全程设计服务的执行

全程设计服务始终提倡的是设计师的全面、综合服务意识。因为业主的需求已不局限于某一节点的技术服务，全程设计、总承包服务的周期较长，业主需求的复杂程度也较大，我们不仅要为业主解决问题和难点，同时还要协调各资源团队，为技术人员提供相关的协调服务。从服务业主的角度而言，我们要深层次挖掘客户的需求和站在客户的角度上理解他们的苦恼，如前期帮助完成招投标程序，协同客户去和政府相关部门沟通、进行决策性建议，包括预测整个项目的发展风险和提供防御措施建议等，都是业主内心非常希望我们能够提供支持的内容。从资源团队协作来看，业主根据市场变化会对设计单位的各种资源提出不同的要求，我们就必须对资源有更好的优化整合能力，协调保持各资源在同一平台和计划进度内的综合产品质量和综合效率控制。

同时，全程设计服务理念的贯彻离不开设计总包大项目经理的项目把控，因为他是最终的产品及服务目标的执行总负责人，他的工作贯穿于策划、设计、施工及后期维护的全过程，他的能力和素养体现在与业主、与各资源团队的交流协调上，从某种程度上讲，大项目经理是问题解决方案的引导者和整合者。

全程设计服务中，各个资源团队的人可能拥有不同的专业背景，也有着不同的价值观念，当设计要用多资源去共同完成一个项目时，大项目经理就需要跳出局部的限制，合理调配资源，让设计师在他某个不擅长的领域尽可能抽身出来，从而专注解决自己的专业技术问题，让其各尽其能，各显其长，并从整体上提高项目的运作效率和产品质量。

在全程设计服务中，我们有时更多的要面临业主众多的技术决策难题，在为客户提供系统服务的过程中，你需要去了解客户在什么时候处于决策的两难境地，或者说你要了解他会朝哪个方向去决策，那我们就要为他提供适时的、适当的技术服务，提供可以让他做选择的多途径解决方案，包括技术方案、成本控制方案等等，通过这种比较的方法使客户在很短的时间内能进行一个判别，从而加快项目决策进度。

当然，在施工阶段的后期服务上，我们也赋予大项目经理能超出常驻现场只当传话筒的角色，和各专业的设计人员形成密切的沟通，完善设计人员在成本控制、具体施工技术上的合理性，杜绝一切的行政管理思维及技术官僚管理行为，更全面地去帮助客户或者是和客户一同提高工作效率，顺利完成项目目标。

　　全程设计服务的核心特点就是集合了不同价值观、不同背景、不同性格的设计师去完成同一件事，这些人必须按照同样的技术服务理念，在同一时间内，按照同一个服务标准快速有效地为客户服务，这是全程设计服务的终极追求目标。只有如此，我们方能做到：我们是在提供综合技术服务，而不仅仅是提供产品输出。

三、住宅开发的全程设计服务

　　住宅开发一般分为以下几个过程，即土地拓展、营销策划、设计、工程成本、销售客服等几个阶段，所以房地产开发商一般是根据以上流程来管控项目，进行住宅开发的。围绕以上住宅开发的流程，需要在各个阶段介入进行全程设计服务或提供综合技术服务输出，而不仅仅是在设计阶段提供设计产品输出服务，仅仅在设计阶段提供服务，那么可能就局限在提供产品输出上，不能满足住宅开发的全方位要求，不能满足市场及客户的综合需求。

　　1. 土地拓展及营销策划阶段（前期阶段）：

　　在此前期阶段，全程设计服务可以提供土地拓展拿地方案的技术研究、产品定位策划技术评估、可研报告技术审查、开发计划与策略审查、技术条件确认、方案设计任务书的审查等等。

　　2. 设计阶段：

　　在方案设计阶段，除了按照常规思路完成方案设计以外，我们需要进行方案技术经济性评估、可发展性评估及审查、结构及设备体系评估、技术策划纲要、相关设计条件复核确认及相关配套报建技术咨询服务等等。

　　在初步设计阶段，除了按照常规思路完成初步设计以外，我们需要进行系统成本评估（全过程、全周期）、结构选型技术系统的论证、设备选型技术系统的论证及确认、技术配置纲要、相关设计条件复核确认及相关配套报建技术咨询服务等等。

　　在施工图设计阶段，除了完成常规施工图设计以外，我们需要进行系统成本评估、技术系统合理性评估、技术实施纲要、检查施工图的完善性、相关配套报建技术咨询服务等等。

　　3. 工程成本（实施）阶段：

　　除了完成常规施工配合外，我们需要进行招标文件（技术）审核、技术标参评、运用BIM进行施工组织计划模拟、施工进度实时监控、重大设计变更的审核、运用VE进行价值工程论证。

　　4. 销售客服（竣工）阶段：

　　除了完成竣工阶段需要设计单位作为五方责任主体应该完成的事项外，我们还可能需要对销售人员进行技术培训、运用BIM进行竣工图设计、三维化物业管理、长期维修保养计划等等。

　　以上每个阶段都有大量仔细的工作来对业主方进行技术服务，下面以一个案例表格的形式对服务内容进行说明。

　　下表为项目概念方案设计前，就业主方提供的基础资料进行核对移交表，以清单的方式提供业主方收集或者由设计单位自行收集（取决委托方式），以供后续的设计服务使用。虽然是简单的一张表，但是此表作为技术服务资料，可以指导或帮助业主在前期准备上述资料，成为设计输入条件确认的重要内容。

　　很多时候，全程设计服务的工作是由很多简单实用的表格，但对于未来控制风险却非常重要的一些环节构成，这些环节为业主及设计单位在产品研发捆绑中起到很好的风险控制及导向作用。

四、总结

　　全程设计服务是一个很大的课题及使命，对设计行业也是一种追求，是一个战略方向。在市场经济高速发展的今天，设计行业在面对不断变化的客户需求、面对不断变化的社会需求、面对人民生活水平不断提高的需求时，我们是否应该重新思考我们的设计行业（一个基于提供综合技术服务平台的服务行业）如何更好地为社会及客户创造价值。在此基础上理解对客户及市场提供全方位解决方案的全程设计服务可能就会显得其中之必然了。

　　住宅开发，作为房地产开发中的重要组成部分，为了满足开发商众多可变的需求及不确定性的风险，我们清醒地认识到其未来，应该跨越传统的产品输出服务模式，而实现全程设计的综合技术服务。

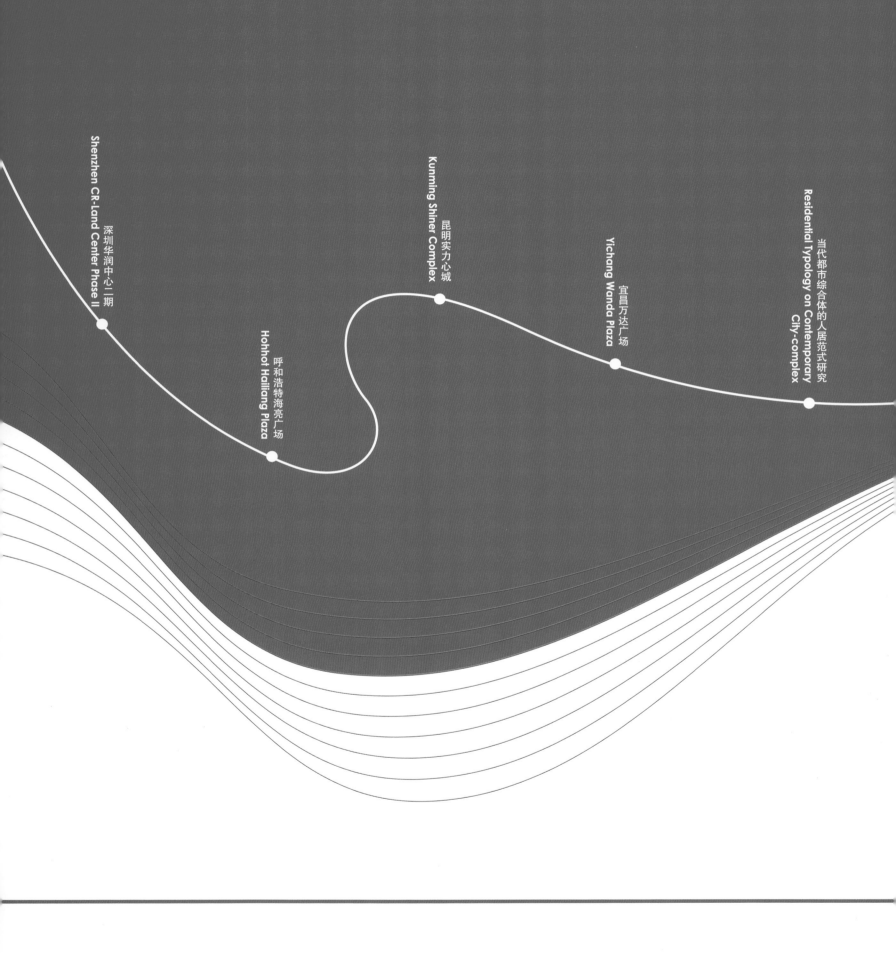

深圳华润中心二期
Shenzhen CR-Land Center Phase II

呼和浩特海亮广场
Hohhot Hailiang Plaza

昆明实力心城
Kunming Shiner Complex

宜昌万达广场
Yichang Wanda Plaza

当代都市综合体的人居范式研究
Residential Typology on Contemporary
City-complex

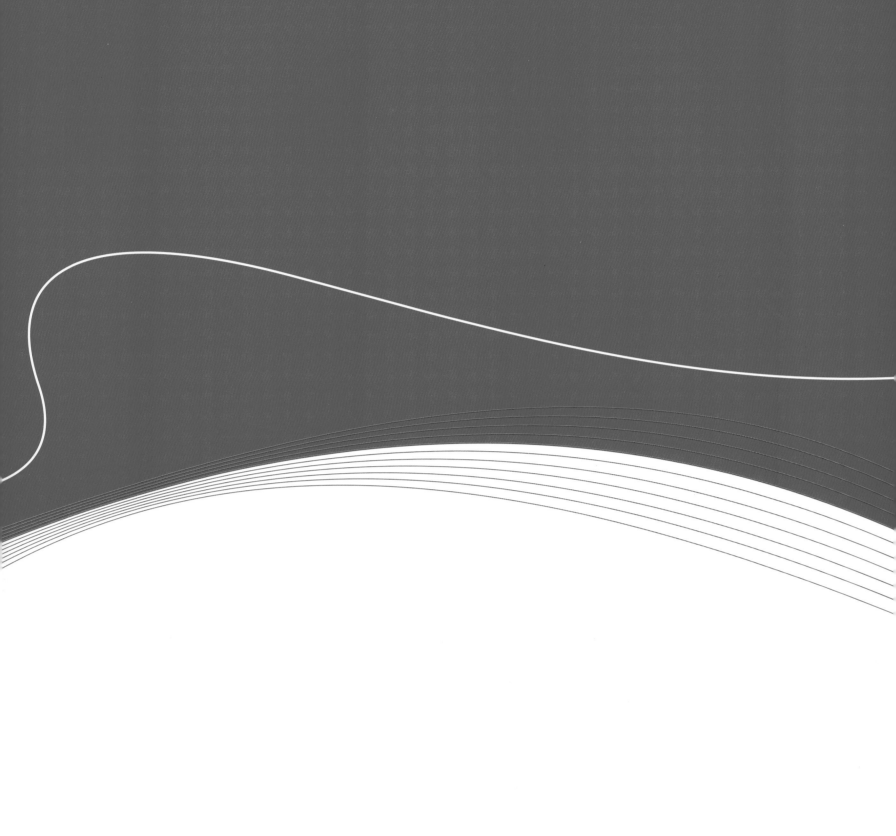

城市综合体
Urban Complex

广义上看，城市综合体（Urban Complex）是居住、办公、商务、出行、购物、文化娱乐、社交、游憩等各类功能复合、相互作用、互为价值链的高度集约的城市街区建筑群体。它具有高密度、多功能、互联性等特征。城市综合体项目的开发考验着开发商的综合竞争实力。

作为中国最大的城市建设综合设计服务公司之一，CCDI充分理解客户在大型综合开发项目中的复杂需求，并有能力在全过程中提供完善的决策配合、技术支持与

专业服务。

CCDI与国内综合体一线品牌开发商以及中国商业地产十强中的绝大多数保持着长久的合作关系。基于充分的研究、丰富的经验、全面的技术、跨界合作的模式以及BIM技术的领先应用，CCDI正在成为客户合理实现综合体项目收益最大化的最佳合作伙伴。

深圳华润中心二期

Shenzhen CR-Land Center Phase II

项目信息

总用地面积：4 100m²
总建筑面积：271 000m²
（住宅：102 000m²）
容积率：5.4
总户数：750
建筑密度：37.5%
建筑层数：2-49
设计/竣工：2005 / 2009
合作设计：RTKL
开发单位：华润置地
项目地址：深圳市罗湖区

CREDITS

Site Area: 4,100m²
Gross Floor Area: 271,000m²
(Residential: 102,000m²)
Floor Area Ratio: 5.4
Gross Unit Number: 750
Coverage Ratio: 37.5%
Building Floors: 2-49
Design/Completion: 2005 / 2009
Cooperation Design:
RTKL Associate
Developer: CR-Land Group
Project Location:
Luohu District, Shenzhen

02

01

01. 沿街立面图
02. 夜景全景鸟瞰

从HOPSCA这个概念于国内兴起至今，城市综合体的形态也呈现了多种变化。住宅部分的加入使得综合体凝聚了更多的人气，然而，由于住宅的强烈功能性需求，如何让一个综合体展现出独具一格的气质，成了开发商与建筑师共同面临的问题。

深圳华润中心II期是在华润I期的基础上，加入了一座国际酒店管理集团（Hyatt）旗下的君悦酒店和三座49层的城市中心豪华住宅"幸福里"，丰富了原本单一的纯商业态，同时建筑体恰当的收分与舒展，巧妙地点出了地块南端的天际线。

于建筑语汇的选择上，II期选择以高层塔楼作为酒店和住宅的表达方式，与I期的办公塔楼相呼应，将基地范围明确地框定下来。并且在I期办公塔楼的基础上，酒店选用了在I期中作为标识的弧线，牵引上升至酒店塔楼，向天空优雅伸展，一系列台阶式平台花园和灯室，在满足了入住客户对于不同体验的需求以外，更形成了酒店"折扇形"的外观，最大程度地拥抱着户外空间。酒店位于33层的"空中大堂"突破了高端商务酒店对于大堂设置的常规做法，为客户提供了惊喜的入住和参观体验。入住的客户由主入口进入酒店后，乘坐四台高速电梯可直达空中大堂，期间，深圳的景色将尽收眼底，无论客户最终住在哪层，进入"空中大堂"的这段"旅程"都会给他们带来不同的感受。

三座49层的超高层住宅，以简洁典雅的立面造型作为建筑体的核心表达。玻璃材质的切角形棚顶与酒店通透的折扇形"皇冠"形成了对话，同时减弱了超高层住宅的沉重体量感。住宅立面上石材与玻璃幕墙的拼合在竖向上强化了建筑体优雅隽秀的气质，适当点缀的出挑阳台部分也为塔楼增添了韵律感。这三座住宅的外形基于视野、方位和布局的优势，满足了居住者对于"高空对话"的需求，并且与酒店、办公和商业部分融为一体，构建出了一个与室外购物中心相似的亲和、人性的尺度。

本案为城市综合体在各个不同方向的发展提供了一个值得细致研究的案例，为深圳市民创造出了一个全新的商业、娱乐和休闲的环境。

03

04

05   06   07

超高层的君悦酒店和城市中心豪华住宅的加入，使得深圳华润中心II期突破了I期单一的
纯商业模式，而建筑体态在设计上的收分与舒展，则为深圳城市添加了一道新天际线 ——————

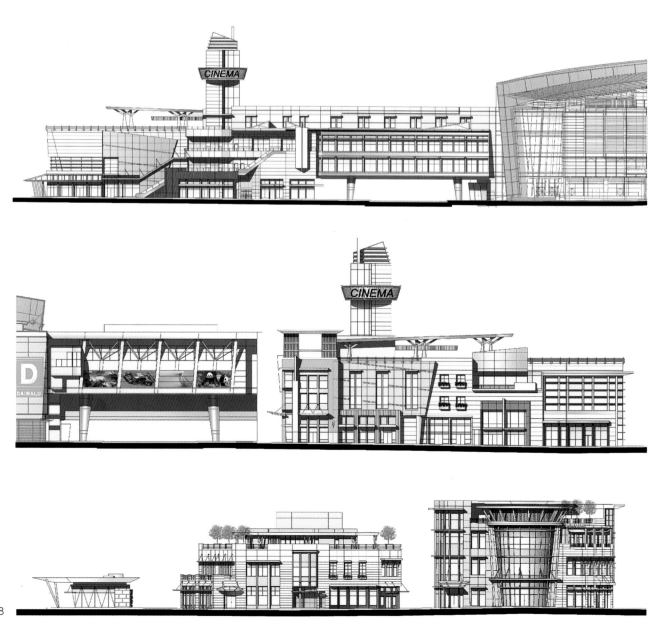

08

呼和浩特海亮广场
Hohhot Hailiang Plaza

项目信息
总用地面积: 62 400 m²
总建筑面积: 650 000 m²
(住宅: 350 000 m²)
容积率: 8.0
总户数: 2 400
建筑密度: 48%
建筑层数: 3-45
设计/竣工: 2011 / 2013
开发单位: 海亮集团
项目地址: 呼和浩特回民区

CREDITS
Site Area: 62,400 m²
Gross Floor Area: 650,000 m²
(Residential: 350,000 m²)
Floor Area Ratio: 8.0
Gross Unit Number: 2,400
Coverage Ratio: 48%
Building Floors: 3-45
Design/Completion: 2011 / 2013
Developer: Hai Liang Group
Project Location:
Huimin District, Hohhot

01

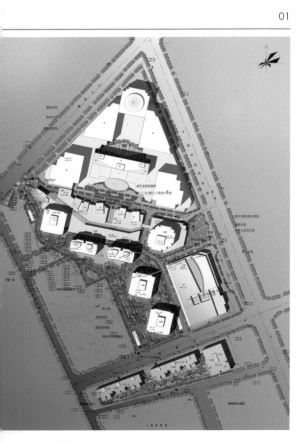

01. 总平面图
02. 街景透视图

03

如何聚集更多的人气，让整个地块"活"起来？也许，
为城市综合体赋予更多的居住属性，不失为一计开发良策

04

作为内蒙古自治区的省会，以及中国北方经济增长龙头城市之一，呼和浩特需要一个能体现崭新生活方式的地方，以增强其作为大都会的特征。本案坐落于呼和浩特市内主干道之一的中山西路，周边商业发达，人气较旺。优越的地理位置为海亮广场的诞生提供

了依据，使得这座现代化的城市综合体出现于此并不显得突兀。

项目被分为住宅和商业两部分，商业部分面向锡林郭勒南路，呈半包围形态，将住宅部分拔起，使得住宅部分享有较为安静的氛围。同时，商业部分较低的楼层既不会影响住宅的视线，又与其身后的高层住宅形成参差错落之感。

商业部分作为本案给人们的第一观感，融合现代利落的体块切割手法与中庸包容的弧形转角设计，作为最突出的设计手法。商业空间内部的连贯使得各部分进行呼应，并且让不同功能区块之间产生紧密的联系，让工作、娱乐、休闲和购物形成一个整体。大型商场的内部挑空弧形广场，既引导了顾客的购物流线，也打破了体块的沉重感，透明材质的加入使用，使得商场通透且具有跃动感，提升了

整块区域的活力。酒店式公寓的加入，让商业部分的客源更为丰富，除了有常住居民以及周围商圈的顾客，还有来此处投宿的商务客流，为将来入驻商业空间的品牌提供了更大的选择余地。

住宅部分沿用Art Deco风格在竖向上的整肃，乳黄色的面砖与细致的线脚构成，削弱了住宅楼体厚实的体量，大片玻璃幕墙与细长玻璃材质的交叉使用，也让住宅外形在统一中产生了变化，整体富有韵律感，在商业成分中添加了艺术的气息。

现今，综合体这种较为新型的城市细胞在全国各地萌芽，商业成为这些综合体中的主导部分。然而，以商业为主导的综合体带来的问题也是不容忽视的，如何聚集更多的人气，让整个地块"活"起来，也许，将更多的住宅融入进去不失为一个好办法。

05
06

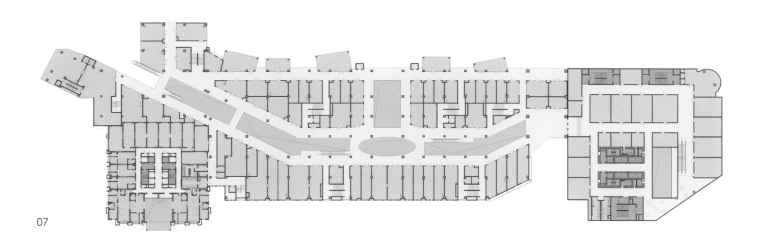

07

08

昆明实力心城
Kunming Shiner Complex

项目信息

总用地面积: 125 000m²
总建筑面积: 600 000m²
　(住宅: 200 000m²)
容积率: 4.2
总户数: 1 750
建筑密度: 24%
建筑层数: 3-39
设计/竣工: 2010 / 2012
开发单位: 云南实力房地产开发有限公司
项目地址: 昆明市呈贡县核心商业区

CREDITS

Site Area: 125,000m²
Gross Floor Area: 600,000m²
(Residential: 200,000m²)
Floor Area Ratio: 4.2
Gross Unit Number: 1,750
Coverage Ratio: 24%
Building Floors: 3-39
Design/Completion: 2010 / 2012
Developer:
Shiner Real Estate Developer, Yunnan
Project Location:
Chenggong CBD, Kunming

清晰的组团、明确的功能划分以及穿越整个地块的商业内街,水平的联系让本案的综合体性质一览无余。如今,综合体的规划固然有着多种方式,但"便捷好用"永远是任何建筑的最根本诉求。而本案对此的探索,便建立在大组团的划分和商业元素连续点缀之上。

项目位于昆明市呈贡新区吴家营片区,是整个市级行政中心及中央商务区核心区的黄金地段,内容涵盖了住宅、公寓、商业、酒店、办公和绿地六大业态,在复杂的建筑功能之间提炼丰富的空间层次,使得整体区域既密切相连,又彼此区分。建筑除了商业街和一些配套设施外其他均为高层建筑,造型以新古典风格作为标识,形体简洁明朗。建成后将成为昆明新城的核心地标建筑群。

在基地内已有数条规划道路的基础上,设计师采用了较为规整的规划方法,通过地块的划分与建筑形式的区别,确立了本案丰富的业态,将水平联系与竖向综合这两种在综合体设计中常用的手法混合使用,而区内中心商业街既赋予了本案强烈的综合体特质,又使得本案建筑整体呈现出均衡的美感。

高层建筑立面主要采用石材与玻璃幕墙,通透的轻盈感削弱了高层的巨大体量,竖向的线条也呼应了古典审美的旨趣。顶部的层层收进,增加了建筑体的韵味,使得表面富有变化。顶部整层玻璃表面的点缀,在稳重的建筑外表加上了活泼动感的元素,仿佛是深色裙边缀上的蕾丝花边。建筑师结合当地的深厚历史沉淀,摒弃了弧线在当代建筑中的使用,回归了现代主义整肃规律的体块切割,尊重了当地作为云南重要工业城市的传统,在建筑中可循的脉络追寻着这座城市的过去与未来。

01. 沿街人视效果图
02. 鸟瞰图

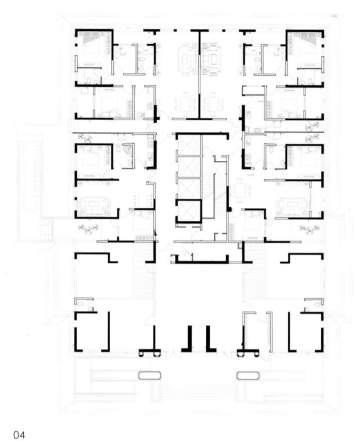

04

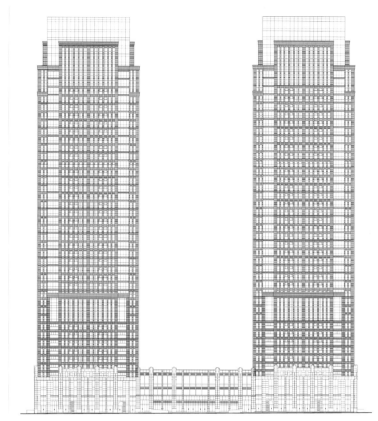

05

03. 社区景观效果图
04. 4号高层住宅楼首层平面图
05. 9-11号楼立面图
06. 商业街景效果图

复杂的建筑功能之间提炼丰富的空间层次，
使得整体区域既密切相连，又彼此区分 ——————

06

宜昌万达广场

Yichang Wanda Plaza

项目信息

总用地面积：85 500m²
总建筑面积：475 000m²
（住宅：150 000m²）
容积率：5.0
总户数：1 550
建筑密度：25%
建筑层数：4-29
设计/竣工：2010 / 2011
开发单位：万达集团
项目地址：宜昌市伍家岗区

CREDITS

Site Area: 85,500m²
Gross Floor Area: 475,000m²
(Residential: 150,000m²)
Floor Area Ratio: 5.0
Gross Unit Number: 1,550
Coverage Ratio: 25%
Building Floors: 4-29
Design/Completion: 2010 / 2011
Developer: Wanda Group
Project Location:
Wujiagang District, Yichang City

01. 鸟瞰图   01

02

03

宜昌万达广场商业综合体项目位于湖北省宜昌市伍家岗区沿江大道北侧，处在与西陵区交接的门户位置，毗邻宜昌市客运港码头及夷陵长江大桥景观带，交通便利，人流密集。用地西南端临沿江大道，用于设置最具万达特色的大型商业综合体，通过步行街将各业态主力店串联一体，与四周道路相互通达，作为长期自持物业确保整体商业的高水准运作和长久效益；用地沿夷陵大道一侧，利用沿街商铺规划出近400m的室外风情商业街，其中包括餐饮酒楼、文化娱乐、酒吧和精品廊等各种休闲购物类型。不同风格档次线面结合、内应外和的商业布局能够有效地满足市民的多种消费需求，拉动人气和物流，还可创造出丰富多彩的城市休闲文化；用地沿江海路以西地块为高档住宅区。小区内设计了大面积集中式的景观绿化，形成了住宅区内的天然氧吧，全面提升了住宅区环境品质；用地紧邻沿江大道布置了三栋高档智能5A写字楼，力图将本区域打造成为具有国际化水准的高端商务中心。

通过区内有机规划，形成以大型商业综合体为主体，结合室内精品步行街、五星级酒店、SOHO公寓、高级精品住宅等元素，共同打造了宜昌城市的新地标。

作为万达集团的开发模式，万达广场成为本案中连接各业态的核心。宜昌是带状城市，漫长的沿江大道上，尽管近年来房地产开发建设速度很快，但是商业配套的缺乏始终是个不容忽视的问题，也制约了滨江地产的进一步发展。因此，宜昌万达广场建成之后，解决了滨江线上市民的消费、购物、娱乐等生活配套问题，而且继夷陵广场、解放路之后，以宜昌万达广场为中心，向四周辐射，将形成一个新的滨江商务中心，同时让宜昌的商圈分布得更为均匀。

在商业氛围浓郁的前提下，建筑师以质朴简洁的立面材质作为本案的主要元素。住宅部分的外立面与商业、办公部分进行区别，弧面的韵律感抵消了商业的气息，配合了购物、餐饮、娱乐、休闲一站式实现，居住品质也会随之提升。而贯穿始终的步行街，成为串联各业态和商家的脉络，将不同功能区块之间的关系结合得更为紧密，使得本案成为名副其实的城市综合体。

本案鲜明的以商业为主导的综合体开发模式，充分证明了商业与住宅的联姻是理所当然、互利互惠的。而以住宅部分聚集人气，平衡整个项目的业态分布，是万达基于过去成功的开发模式所创造富有个性的建筑体验。

04

05
06

通过区内有机规划，形成以大型商业综合体为主体，结合室内精品步行街、
五星级酒店、SOHO公寓、高级精品住宅等元素，共同打造了宜昌城市的新地标————

07

城市综合体 未来臆想图　　　　华盛顿水门中心　　　　　　　　　　　　　　　纽约世贸中心

Residential Typology on Contemporary City-complex

当代都市综合体的人居范式研究

一、混合开发：都市综合体的认知界定

不知从何时候起，"综合体"悄然成为中国新一轮城市开发的主角。城市综合体是现代建筑发展到一定阶段后出现的高密度土地混合开发模式，一般出现在城市化程度较高的发达资本主义国家的大型都市，如纽约、巴黎、东京、芝加哥等。而我国国内地理区位优势的差异，使得当代中国的城市化进程以一种分布极不平衡的交织状态发展。从CCDI作为一家大型设计机构近五年经历的设计竞赛与委托项目来看，在城市化程度并不高的中国，已经提前出现综合开发建设的热潮，这是非常值得注意的一种建筑现象。本文的讨论和研究即源于此——如果说传统意义上的建筑被分为住宅、体育、办公、文化、商业、医疗等诸多类型，那么综合体则是这些类型之上的新类型，它能够博得土地所在地区政府的期望聚焦，又能够激发开发单位的资金投入，也能够引发设计机构的跨界思考。

然而，稍作观察即可发现，不论是地产界还是设计界，对"城市综合体"并没有一个统一的定义。很多时候，大家所说的综合体并不是同一种事物，许多已经建成和正在建设的项目也仅是被冠以"综合体"之名而已。真正的综合体意味着什么？在深入讨论这个概念之前，有必要对它进行认知层面的界定。

从理论上说，大约在十多年之前，西方城市建设中出现的"HOPSCA"被很多人用作商业综合体的代名词（至今仍是如此）。其实这是一个简明有效却又比较狭义的综合体定义：即由Hotel（酒店）、Office（写字楼）、Public（公共空间）、Shopping mall（购物中心）、Convention（会展）、Apartment（公寓住宅），共同形成的商业生态系统。"HOPSCA"指出了商业综合体最为重要的几个功能部分，但是仅仅具备了这些功能成分，还不能谓之综合体。近几年，学术界倾向于把城市综合体（City Complex）理解为"在城市中的居住、办公、商务、出行、购物、文化娱乐、社交、游憩等各类功能复合、相互作用、互为价值链的高度集约的街区建筑群体。"这是一个比较广义的概念，它强调了"高密度"、"多功能"、"相互联系"等特征，这些成为我们进一步认知综合体的假设前提。

在此基础上，我们研究了CCDI或国内其他机构设计的数十座综合体项目，初步认为一个真正意义上的综合体应该同时满足以下五个方面的限定：

1. 高可达性：综合体一般应具备三种以上的交通方式到达（如步行、公交、地铁、私家车等），且每种交通方式的终端节点应与综合体紧密相连；
2. 高密度：一般说来，综合体项目的土地容积率≥3.0，总建筑面积≥20万m²；
3. 存在三种或三种以上能够提供收益的主要功能；
4. 不同功能之间存在紧密的空间关联与渗透关系，强调水平联系；
5. 按照一个有条理的开发计划进行统一开发的一组建筑，在形态上呈现较强的标志性和完整性。

从这些条件可以看出，综合体的核心意义在于高密度的"混合开发"（Mixed Used），这是资本主义城市商业发展中最为理性的土地使用方法。但混合不等于混乱，高密度也不等于拥挤，综合体的存在，证明了一种复杂之中有序状态（Organized Complexity）。

二、历史溯源：现代主义各个时期的综合体开发特征

稍作溯源，我们可以发现城市综合体与人类城市发展历史存在许多戏剧化的暗合关系。例如，很多学者认为古罗马的大浴场是综合体的起源，它集沐浴、健身、阅览、商业、会议于一身。而另一些专家则认为中世纪的"集群街区"（居住和工作两大功能被叠合到一幢建筑之中，彼此交织联系）是最早的商业综合体实例。这种开发模式后来演变为文艺复兴时期的内街式购物廊，成为典型的混合街区范式。

到了20世纪初，现代主义建筑萌芽时期出现的"现代城镇规划思想"（Modern Urbanism）成为综合体的死敌。这一时期的城市建设热衷于选择未使用的土地作为城市新的开始，以回避城市原有的混乱局面；并且严格限制居民数量和社区大小，将不同的城市功能分开布置以减少社会问题——而"综合体"被视为城市混乱的根源而必须被限制和最小化。

从霍华德的"花园城市"、柯布西耶"明日之城"可以看到将城市发展建立在一种类似"乌托邦"合作社会上的模型。人们用建设新城取代旧城，直接导致老城区的衰败（于是才有后来的新都市主义对此表示弥补）。这一思想在1928年发挥到极致。这一年，CIAM（国际现代建筑协会）成立，并提出《雅典宪章》：将城市四大主要功能（居住、工作、休闲、交通）各自独立分区发展，由此获得一种城市的秩序。

综合体模式的重见天日，得益于1939年建成的洛克菲勒中心（Rockefeller Center）。这是位于美国纽约州纽约市第五大道的一组由四座摩天大楼组成的复合设施（设计者为Raymond M. Hood），四座大楼底层相通，通过地下通道协调步行与车行关系；丰富的零售出租空间和公共空间，创造出一个复杂的、多样化的"城中之城"。洛克菲勒中心证明了城市生活的紧凑关联、不同功能之间的相互依赖，预示着城市综合体的新一轮发展。

1950年代，著名的建筑研究小组TEAM10率先拒绝《雅典宪章》所描绘的城市图景，转而投入到现有城市及其复杂社会网络的研究之中。他

益田假日广场全景

郑州银泰中心

世纪中心在城市中的位置

艾侠　CCDI悉地国际　研发经理
CCDI当代建筑文化研究中心　主任

们开始研究两个手法：一，如何连接一组建筑群；二，在建筑群之中引入城市街道和公共空间，这些成果直接导致了后来五十年的综合体模式。

20世纪60年代的一系列"大型开发计划"项目，显现出从市中心以商业为基础的形态，转向开发新区潜力，并以居住为首要功能，强调建筑对环境的开放性的建筑集群。这一时期大约46%的混合项目包含居住功能。典型案例为美国华盛顿水门中心（Watergate complex），它始建于1967年，包括有三栋住宅楼，两栋办公楼和水门酒店。1972年的水门事件使这座综合体名声大噪。

然而，20世纪70年代的风头陡转，随着"国际范式"（International Style）的流行，综合体的建筑尺度开始增大，居住功能不再得到重视，空间更为封闭和内向。这一时期只有19%的混合开发项目包含居住功能。纽约世贸中心（World Trade Center）是典型的大尺度、不可居住的建设案例。

20世纪80年代的"后现代混合模式"：开发重点从新区转移回老城区，项目总建筑面积在减小，小尺度的城市空间得到重视，居住功能重新回归开发重点，并引入对老建筑的修复、改建、重新利用。其理论背景是雅各布斯的著作《美国大城市的生与死》所反映的一个改良的侧面。这一时期大约49%的混合项目包含居住功能。而到了20世纪90年代之后，"主街模式"和"CBD模式"开始流行，综合体的设计出现从建筑建造向城市场所的思维转变，更加注重城市环境整体贡献。但是在对居住功能的考虑上，似乎重新削减到70年代的比重。

回顾上述历史可知，城市四大基本功能（居住、工作、休闲、交通）是相互补充、相互依赖、共同生长的，任何一两项功能的强势都会产生不平衡，带来严重的城市疾病。基于这样的理论，我们意识到，应该特别注意研究居住功能对其他功能的平衡作用。在下文分析的一批案例中，我们可以清晰地看到新旧范式的关联和演变。

三、范式研究：综合体设计实例分析

回到"HOPSCA"这个不太学术的名词，其实在当代都市综合体项目中，"C"（会展）的作用正在减弱，而"P"的指代则存在争议：是停车（Parking）还是公共空间（Public）？我们认为两者皆重要，但都不是构成主营业态的成分。于是，对综合体的研究，暂可精简为对剩下四种业态（H、O、S、A）的研究。

首先，以商业为核心的开发模式成为综合体"第一范式"。早期的城市综合体也常以"商业综合体"代称，在我们看来，这是郊区大型购物集群（Mall）在在城市中心地带的回归。以益田假日广场为例，开发的第一要素在于商业形象的打造，设计处处体现出对商业空间的考虑：建筑师在基地南侧设计了一个下沉式广场。该下沉广场与地下二层的商场相接，人们可以通过室外台阶、电梯和楼梯等多种方式到达广场，为市民提供了一个远离尘嚣的休闲和购物场所。内部空间设计有三个点状中庭和两个线形中庭。它们相互有序分隔而又有机串联，形成室内时尚购物街，并且通过空间的收放而形成简洁有序的商业流线，巧妙地借用空间调节了人流量及其聚集度，使各个店铺获得了均等的商业机会。郑州银泰商业中心选择了最具有"商"文化特征的元素进行组合，在稳重的构图中寻找变化，处理处丰富的立面效果。体现"商"特有的细节，"线"与"面"的构成体现古典而不失时尚的气质。

其次，以办公为核心的开发模式是综合体"第二范式"。这一模式与当代中国各大城市的CBD建设紧密结合，规划和建筑形态大多规则有序，而表皮的手法则层出不穷。以新近建成的卓越皇岗世纪中心为例，设计从效率优先的出发点布局规划布局，总平面采用"井"字型布置四栋塔楼，最高效率的利用了有限的用地，并围合出一个宽阔的矩形广场。在不影响办公平面方正的前提下，建筑表皮利用有规律的对角折面，对塔楼四个角部进行正反两向的斜切，制造近似钻石般富于变化的角部轮廓。设计之中的厦门会展北区综合体亦是如此：建筑平面方正有序，立面呈现节节升高向上收分的渐变节奏，结合了现代元素（带状遮阳片，LED灯带）与传统（塔、灯笼、扇子）传统语汇，演绎出特色的城市新轮廓。

综合体的"第三范式"可以被视为以高档酒店为主导物业的开发模式，它在一定程度上是对CBD夜晚时段缺失人气的一种补偿。以深圳华润中心二期为例，君悦酒店的存在，改变了整个区域的情景氛围，作为空间营造的一大特色，这座酒店改变了传统的低层大堂入住流线，改用独特的"空中大堂"模式：宾客由主入口进入酒店后，乘坐4部高速电梯直达31层的空中大堂——成为入住体验的第一步。办理好入住手续后转乘其他两组电梯到达各楼层。在办理入住手续到进入各自房间的过程中，宾客们将对酒店的整体形象，以及深圳繁华的都市景致有了更为感性的认识。

早在2006年，世联地产顾问机构按照物业类型在综合体中所占分量（不是简单的建筑面积比重），将城市综合体分为三种基本导向：分别对应HOPSCA中以"S"（商场）、"O"（办公）、"H"（酒店）为主导地位的开发模式，即前文所述的三种"范式"，但是当时的研究并没有强调"A"（居住）的作用。纵观在十年前开发的综合体项目，"A"的成分的确是普遍偏弱的。而当我们分析CCDI近年参与设计的十多座综合体项目时，一个显著的趋势便是人居的回归。

深圳华润中心　　　　　　　　　　　　徐州苏宁彭城广场 沿街透视　　　　　　　　呼和浩特海亮广场 商业立面

表1: CCDI部分综合体项目参数一览

	开发单位	建筑设计	设计-建成	用地面积	容积率	总建筑面积
深圳益田假日广场	益田集团	CCDI	2004-2008	23 000m²	4.4	102 000m²
卓越皇岗世纪中心	卓越集团	LAD + CCDI	2007-2011	30 200m²	11.0	332 000m²
深圳华润中心二期	华润集团	RTKL + CCDI	2005-2009	41 000m²	4.7	194 000m²
厦门会展北区综合体	厦门经济特区	CCDI	2007-2012	42 000m²	5.5	244 000m²
徐州苏宁彭城广场	苏宁置业	AEDAS + CCDI	2010-2014	44 000m²	7.8	373 000m²
郑州银泰商业中心	银泰集团	CCDI	2009-2015	24 900m²	7.7	191 000m²
呼和浩特海亮广场	海亮集团	CCDI	2011-2016	62 400m²	8.0	488 000m²
昆明实力心城	实力集团	CCDI	2011-2016	93 000m²	4.2	396 000m²
郑州升龙站前综合体	连捷置业	CCDI	2010-2015	57 400m²	7.5	430 500m²
南通圆融广场	圆融集团	CCDI	2011-2015	70 000m²	3.5	237 000m²
上海洛克菲勒外滩源	洛克菲勒集团	ARQ + CCDI	2008-2013	17 000m²	5.5	94 000m²

注：总建筑面积为计入容积率的建筑面积，不含地下建筑面积

表2: CCDI部分综合体项目业态配置分析（单位: m²）

	H 酒店	O 办公	S 购物商场	C 会议会展	A 居住公寓
深圳益田假日广场	29 000【29%】	3 000【3%】	68 000【67%】	0	0
卓越皇岗世纪中心	50 000【15%】	184 000【55%】	45 000【13%】	0	45 000【13%】
深圳华润中心二期	68 000【35%】	0	18 000【10%】	3 000【2%】	97 000【50%】
厦门会展北区综合体	0	178 000【71%】	47 000【19%】	15 000【7%】	0
徐州苏宁彭城广场	47 000【13%】	38 000【10%】	101 000【27%】	0	160 000【43%】
郑州银泰商业中心	22 000【12%】	0	98 000【50%】	0	50 700【27%】
呼和浩特海亮广场	48 000【9%】	0	143 000【29%】	0	296 000【60%】
昆明实力心城	33 000【8%】	108 000【27%】	46 000【12%】	0	196 000【49%】
郑州升龙站前综合体	44 000【10%】	177 000【41%】	86 000【21%】	22 000【3%】	100 400【12%】
南通圆融广场	0	55 000【23%】	101 000【43%】	0	79 000【33%】
上海洛克菲勒外滩源	0	13 000【13%】	13 000【13%】	0	33 000【33%】

洛克菲勒中心　　　　　　上海洛克菲勒外滩源 整体鸟瞰

四、人居回归：综合体开发的新范式

　　从城市空间的"叠合"，到城市资源的"整合"，再到城市环境的"融合"，综合体的意义在于城市空间的"人本回归"。这里，我们发现一种新的范式，即以居住功能为核心开发要素的"第四范式"，这是近年来中国城市综合体开发中非常值得注意的现象——混合开发的手段和目的在于最终让人们在夜晚聚居于此而非全然离开，至于商业部分则依然保持着城市市场所的各项特征。举例说来，苏宁集团投入巨资开发、CCDI和AEDAS联合设计打造的徐州彭城广场，综合体完全以公共建筑的形态出现，椭圆形平面的设计可展现动态、活泼的空间特质，但实际上43%的建筑面积为居住功能，而我们近期设计的呼和浩特海亮广场，这一比例竟提升到60%。尽管居住的比重很大，但却十分突出与其他各个功能的互补与联系：徐州彭城广场的居住功能完全设置于商业功能上方，二层以上裙房围绕下沉式广场，形成项目中心的一个特色空间。层层退台的设计，保障了视觉上的层次感和居住空间的私密需求。

　　回看中国城市化十年来的历程，过分强调城市商业和CBD的开发是一个很大的误区，作为一种平衡，后来综合体中大量出现高档酒店的开业运营。但是，城市归根结底是"人"的城市，仅以入住酒店的方式并不能真正形成"人"的氛围，真正的高品质综合体是得有人在此栖居。举个反例说，北京东三环CBD的财富中心综合体正在上演一出"夜晚空城计"：白天大量人流汇聚此处工作，傍晚大量离散，造成地面交通核地铁运营的两次超负荷，而到了夜晚，除去少量酒店住客，街上和楼里空旷无人，完全失去了"综合体"应有的活力。

　　最后再看建设之中的上海洛克菲勒外滩源。外滩是商业繁华的象征，但是在夜晚十一点过后，外滩又有几盏灯真正亮着？又有几户人家居于此地？洛克菲勒外滩源的开发目标是形成规模化的高雅文化与时尚生活的中心，整体工程包括历史建筑的修缮改造及部分新建建筑的设计建造。开发单位已经意识到，只有扩大居住的分量，才能真正重塑黄浦江和苏州河水岸的城市魅力，在陆家嘴地区和外滩地区之间建立一种协调呼应、平衡发展的城市关系，于是在新建部分，居住的比重随着方案的修改深化而不断加大。但愿这是一次成功的人居回归的综合体实例，成为未来更多类似案例的"范式"指引。

参考文献：

[1] 《理想空间》第44期"城市综合体设计"专刊，同济大学出版社，2011

[2] 王桢栋，《当代城市建筑综合体研究》，中国建筑工业出版社，2009

[3] Rem Koolhass，《S，M，L，XL》，The Monacelli Press，1998

[4] 世联地产，综合体研究报告，2006

[5] 《商业综合体HOPSCA》，天津大学出版社，2010

[6] 罗卿平，高容量城市的空间设计对策，建筑学报，2006-01

[7] 时匡，新城市主义运动的城市设计方法论，建筑学报，2006-01

[8] 徐洁，商业综合体的城市竞争力模型，时代建筑，2005-02

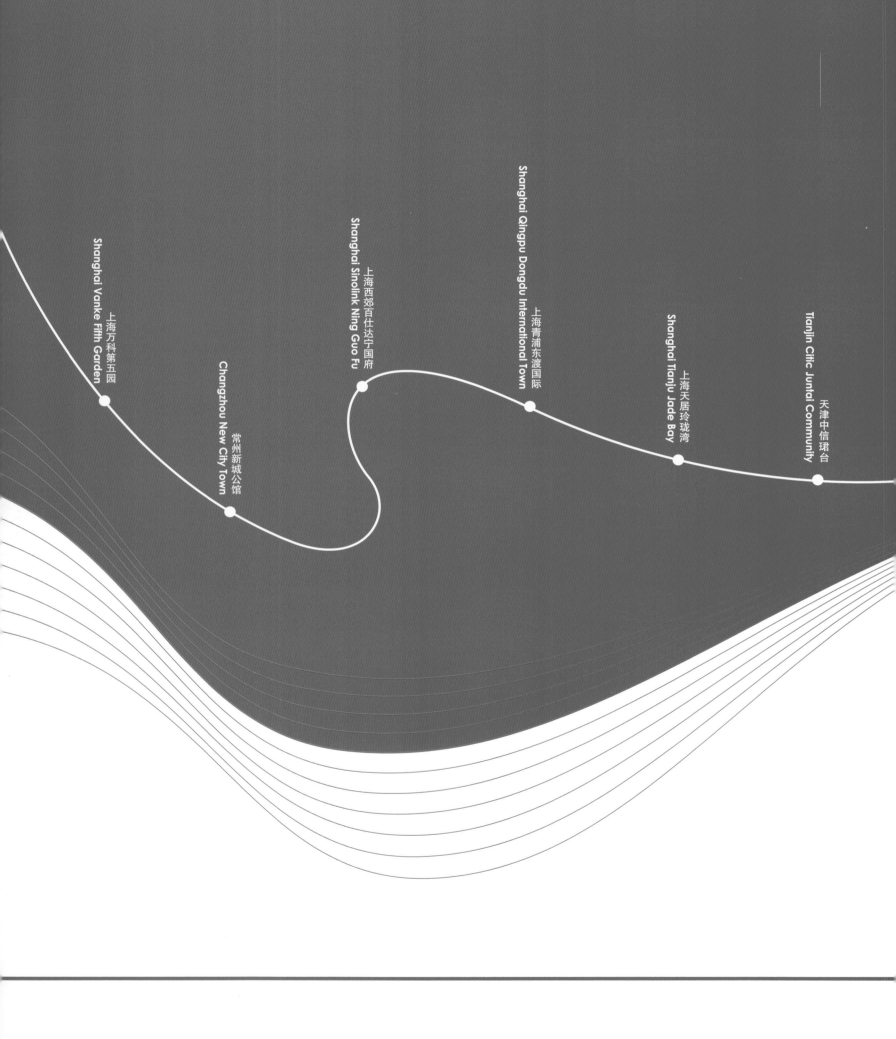

Shanghai Vanke Fifth Garden
上海万科第五园

Changzhou New City Town
常州新城公馆

Shanghai Sinolink Ning Guo Fu
上海西郊百仕达宁国府

Shanghai Qingpu Dongdu International Town
上海青浦东渡国际

Shanghai Tianju Jade Bay
上海天居玲珑湾

Tianjin Citic Juntai Community
天津中信珺台

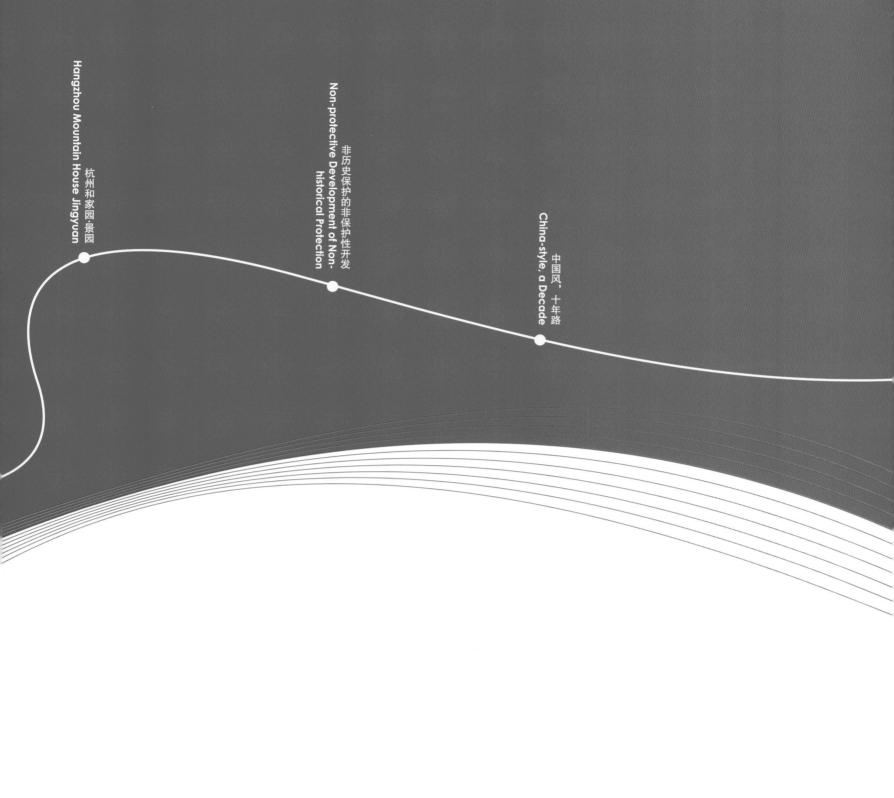

情景别墅
Situation Villa & Townhouse

现代住宅类型中，情景别墅是最适应东方传统居住哲学与文化的住宅形态。无论是开启新中式建筑潮流的深圳第五园，还是获得"詹天佑大奖"的天津万科水晶城，抑或是现代人文居所典范的杭州亲亲家园，都记载着CCDI对传统与现代生活模式相融合的别墅设计的探索。

情景别墅设计不仅需要推敲功能与流线，更要反映特定人群的生活模式、居住理念与文化。例如：上海西郊百仕达宁国府项目反映了一种具有东方哲学的现代生活方式；上海青浦东渡国际项目，是新东方建筑风格的再提炼；而上海万科第五园项目注重居住的本质。

通过精心研究、规划和设计，CCDI期望能为每个情景别墅社区塑造高雅、宜人而独特的品格，最好地彰显具有高度稀缺性的别墅项目的价值。

上海万科第五园

Shanghai Vanke Fifth Garden

项目信息
总用地面积: 100 180 m²
总建筑面积: 122 000 m²
容积率: 0.6
总户数: 302
建筑密度: 25%
建筑层数: 2-3
设计/竣工: 2007 / 2010
开发单位: 万科集团
项目地址: 上海市浦东新区

CREDITS
Site Area: 100,180 m²
Gross Floor Area: 122,000 m²
Floor Area Ratio: 0.6
Gross Unit Number: 302
Coverage Ratio: 25%
Building Floors: 2-3
Design/Completion: 2007 / 2010
Developer: VANKE Group
Project Location:
Pudong New Area, Shanghai

01

01. 第五园社区入口
02. 别墅间的空间联系

02

将一个在某地获得成功的项目移植到另一处进行复制，是许多地产商津津乐道的操作模式。但是不要认为上海第五园是深圳的那个开端之作的简单模仿。实际上，除了把那座来自鄱阳的具有六百多年徽派古宅搬到现场作为万科的惯用套路之外，我们找不出上海与深圳两座"第五园"在设计手法上的任何复制效应。在"骨子里的中国"情结之下，我们看到更多的是海派生活的精致和愉悦。

在空间营造上，上海万科第五园通过多重庭院嵌套的格局，在有限的面积内将中国传统民居中的前院、中院、后院和边院元素包含了进来，进行重新排布后，形成了收放有致的空间节奏。除了在一定程度上迎合了消费者对于传统居住形式的向往，更以现代建筑技术与材质拼接营造了丰富且多层次的空间体验，让上海第五园不仅仅停留在肤浅的"中式风格"层次，而通过空间和细节的巧妙安排，让建筑有了值得细细琢磨的价值。

与深圳第五园相比，上海第五园的另一个突破之处在于"阳光天井"，这显然来自江南民居"小中见大"的特点。与岭南民居的开敞或是北方民居的敦厚不同，高墙围合的"天井"成了近代江南民居中屡见不鲜的元素。在本案中，建筑师以"天井"为触媒，既引发了住户对于传统江南民居的回顾，又在有限的地块中创造了更多利用空间的方法。天井的设置模糊内外空间的界限，产生了富含趣味性的居住空间。

在上海第五园，材质和细部成为真正的主角。屋面的金属板与外立面的灰砖形成现代与传统的对话关系，这种关系通过悬挑、延伸、转折、起落，显得富有生机。建筑勒脚使用的环秀石为中式风格增添了情绪，而在窗的安排上，建筑师并没有复制传统住宅中的木质花窗，而是通过石材切割与连接形成了漏窗的概念，体现出内敛的审美情趣。

曾经有过一个时期，深圳第五园与同一时期的许多中式住宅成为中国文化"自信"和生活方式"回归"的代名词。相比之下，上海第五园并没有背负太多的企图，设计理念显得出乎意料的单纯：在别墅空间中适当掺入以中国人生活习惯考虑的空间和材质，不经意间显现现代居住体验与传统文化语境相结合；反对物欲的堆砌，提倡文人式的清雅格调，在城市繁华之中保留一份内省和宁静——这是中国人内心深处所认同的中国日子，也是中式设计的真正归宿。

03
04
05

03. 过渡空间
04. 被包裹的老宅
05. 老宅下方的车库入口
06. 总平面图
07. 门前小径

06

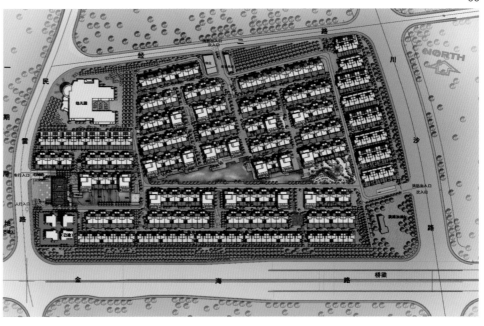

08. 院内外空间联系   11. 内院材质与细部
09. 外墙材质与细部   12. 内院露天餐座
10. 四拼户型北立剖面图   13. 内院露天餐座

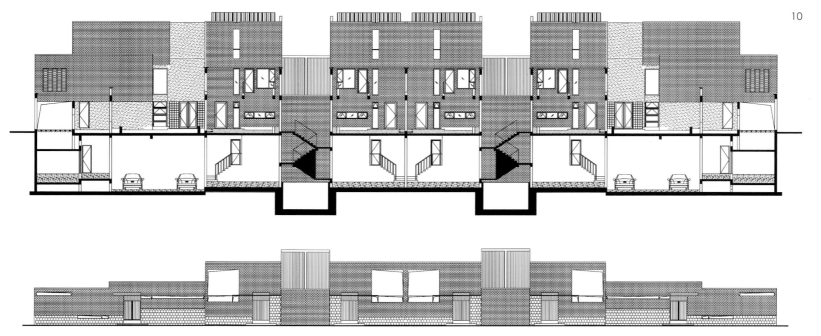

10

反对物欲的堆砌，提倡文人式的清雅格调，在城市繁华之中保留一份内省和宁静，
这是中国人内心深处所认同的中国日子，也是中式设计的真正归宿 ——

12　　　　　　　　13

常州新城公馆

Changzhou New City Town

项目信息

总用地面积: 258 000 m²
总建筑面积: 464 000 m²
容积率: 1.8 (别墅区容积率0.7)
总户数: 约3 000户
建筑密度: 20%
建筑层数: 2-3、18-32层别墅、高层
设计/竣工: 2006 / 2008-2009
开发单位: 江苏新城房产股份有限公司
项目地址: 常州市武进区

CREDITS

Site Area: 258,000 m²
Gross Floor Area: 464,000 m²
Floor Area Ratio: 1.8 (Villa 0.7)
Gross Unit Number: 3,000
Coverage Ratio: 20%
Building Floors:
Villa 2-3; High buildings 18-32
Design/Completion:
2006 / 2008-2009
Developer:
JiangSu New City Real Estate
Company
Project Location:
Wujin District, Changzhou

新城公馆位于常州市武进区，项目旨在在城市近郊打造一个低密度、高绿化率、具有西班牙建筑风格的新型社区。该项目2008年推出首批Townhouse联排别墅和独幢别墅面市，随后陆续推出高层公寓和沿街商业出售，得到市场追捧，为近郊低密度风情化的别墅住宅提供了一个有益的模版。

新城公馆是目前常州地区唯一采用海湾式布局的居住社区。地块拥有丰富的水系，建筑沿湖岸弧形设置，湖岸线长达1 000m，生态湖泊湖面面积更达到10 000m²。生态湖采用人工、自然、亲水平台方式营造湖岸，湖内设置一岛屿，以栈道与会所相连接，并引进了私家游艇，让业主体验西班牙式的亲水生活。

在规划布局上，利用宽达60m的景观绿化轴，避开地块内部高压走廊的不利影响。绿化带与水系的交错分布，决定了建筑产品的类型分布: 南区为高档别墅社区，北区高层公寓组团，西区临花园路，沿街布置了一系列商业设施。南、北、西各设一个主入口，三条道路在小区中心广场汇交，设计师在此布置了相应的集中服务和商业设施，以便营造一个规模化的社区场所。

新城公馆首批推出的联排别墅和独幢别墅，在单体设计风格上借用西班牙建筑元素，通过石砌墙面、铁构窗花以及错落有致的坡屋顶，呈现一派异国风情。立面设计稳重、成熟，富有细部。在具体的户型设计上，不求奢华，但求功能齐备，在有限的面积之下做出尽量高贵的品质。设计师为独幢别墅设计了许多富有变化的趣味空间，这在一定程度上提倡了新的生活方式。此外，新城公馆的别墅设计特别注重花园空间的安排，每户建有两个以上私家花园，前庭迎客，中庭休闲。

01. 鸟瞰图
02. 别墅近景

01

03. 西班牙风格的单体设计
04. 海湾式布局
05. 社区小径
06. 亲水平台

新城公馆的联排别墅和独幢别墅在单体设计风格上借用西班牙建筑元素，
通过石砌墙面、铁构窗花以及错落有致的坡屋顶，呈现一派异国风情 ————

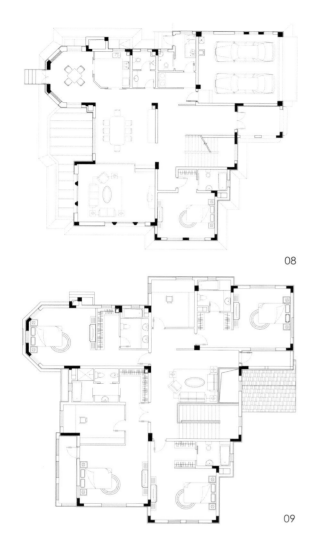

08

09

10

11

12

上海西郊百仕达宁国府

Shanghai Sinolink Ning Guo Fu

项目信息

总用地面积：13 600m²
总建筑面积：13 500m²
容积率：0.98
建筑密度：35%
建筑层数：3
设计/竣工：2009 / 2012
合作设计：大卫·齐普菲尔德建筑设计所
开发单位：百仕达集团
项目地址：上海市长宁区西郊板块

CREDITS

Site Area: 13,600m²
Gross Floor Area: 13,500m²
Floor Area Ratio: 0.98
Coverage Ratio: 35%
Building Floors: 3
Design/Completion: 2009 / 2012
Collaboration Design:
David Chipperfield Architects.
Developer: Sinolink Properties Limited
Project Location:
Changning District, Shanghai

01

02

03

与上海当下顶级豪宅"檀宫"毗邻的本案,地处上海别墅资源成熟的西郊板块。建筑师立足于国际视野,突破了传统豪宅的窠臼,以现代建筑的简约美感与对内涵的追求使得本案呈现出多样的变化,并且对于塑造较高密度低容积率的别墅品质提出了一个新的可能。

项目整体完成了一个"由外至内"的变化。当厚重的建筑体以及之外的大范围私人享有空间所形成的"外院式"建筑形式被当做是当下高档住宅的不二法门时,建筑师反其道而行,吸取了中国传统建筑形式中的"内院"格局,以院墙围合的中央庭院成为引导整套住宅空间布局的核心,更将一般意义上外放的"豪宅气质"收敛了起来,与中国传统文化中"内省"的自我修养结合了起来。

设计延续"中式"建筑中"墙"的形象,各种高低、长短、虚实不一的墙体组合成不同的院落,每个院落组团形成外实内虚,外简内繁的建筑形态。高而实的外墙呈现出与现代建筑不合时宜的防御形态,却是保障住宅私密性的重要元素。

整个小区的总体布局采用庭园式,由大小十一个私家庭园组团组成。每个庭园组团在具有相同基本模式的同时,又呈现出各不相同的变化。并且本着达到最好光照效果和最大私密度的原则,对建筑平面进行了调整和优化。户内功能分区明确,互不干扰,以庭园为共享空间,在建筑中部增加了采光和空气的流通,提升了内部环境品质。

都市的快节奏生活让人们离不开闹市,但在工作之外更倾向于闹市中寻一处寂静之所作为休养生息之用,然而自然资源的日渐匮乏让这个心愿成为可望不可即的奢求。面对这样的情况,建筑师以富有创意的设计手法解决了用地和品质的双重要求,在豪宅林立的上海西郊板块吹来了一阵新风。

05

06

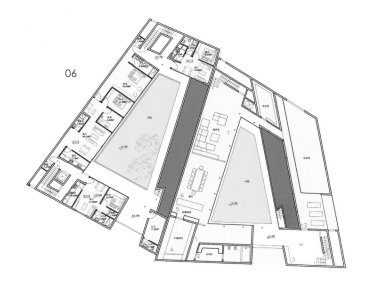

07

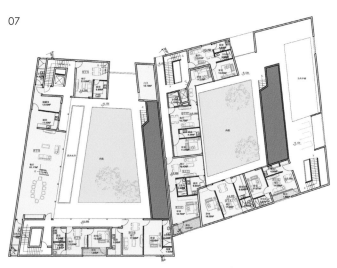

08

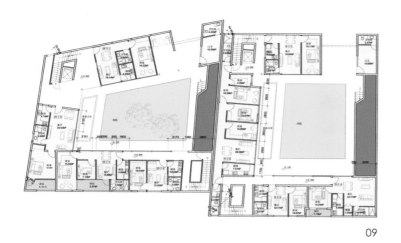

09

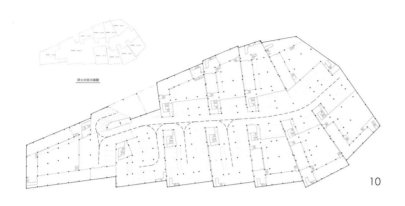

10

11
12

以院墙围合的中央庭院成为引导住宅空间布局的核心，
将一般意义上外放的〝豪宅气质〞收敛进中国传统文化的〝内省〞之中 ——————

13

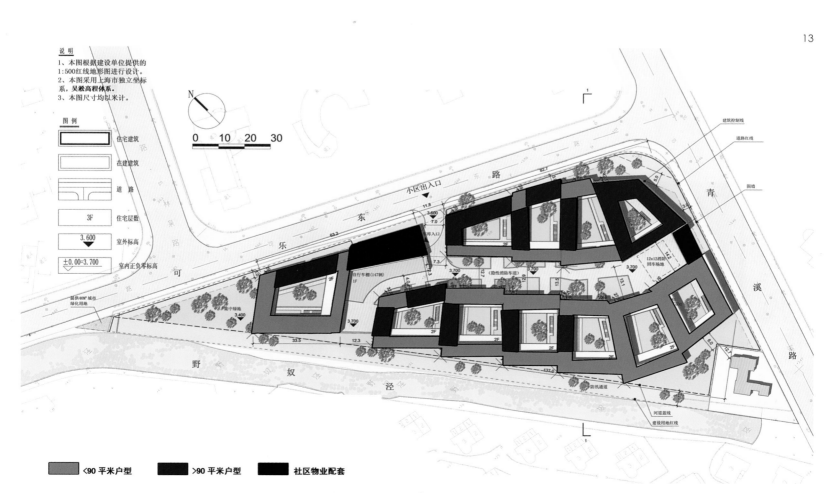

■ <90平米户型   ■ >90平米户型   ■ 社区物业配套

03

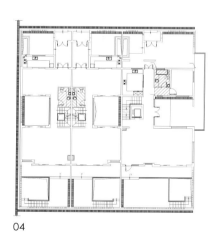

04

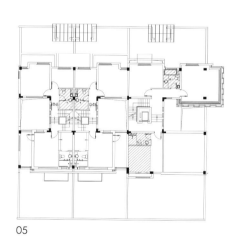

05

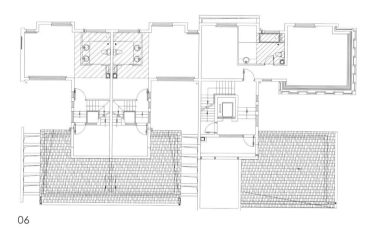

06

07

08

东渡国际总体布局利用道路和河道的分割形成四个组团，联排别墅区通过
建筑的错动，形成曲径通幽的道路布局，凸显江南水乡村落的空间韵味

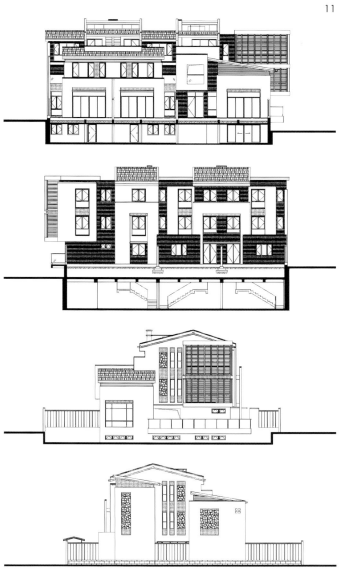

上海天居玲珑湾

Shanghai Tianju Jade Bay

项目信息

总用地面积：130 000m²
综合体总建筑面积：
240 000m²，第一期别墅37 000m²
容积率：1.4
建筑层数：3-16层（别墅，高层）
住宅总户数：1 690（别墅180户）
设计/竣工：2010 / 2011（一期）
开发单位：上海天居投资有限公司
项目地址：上海市嘉定区

CREDITS

Total Site Area: 130,000m²
Total Gross Floor Area:
240,000m², Phase I: 37,000m²
Floor Area Ratio: 1.4
Building Floors:
3-16 (Townhouse, High-rise building)
Gross Unit Number:
1,690 (180 units in Townhouse)
Design/Completion:2010 / 2011 (Phase I)
Developer: Tianju Investment
Project Location: Jiading District, Shanghai

01

02

01. 宅前小径与别墅院落
02. 会所实景

03

04

根据规划用地面宽大，进深小的特点，将用地分为东西两部分，西侧临河部分布置联排住宅，东侧沿市政道路及城市绿化带部分布置高层住宅，联排住宅与高层之间通过中心绿化带进行隐性的分隔，分区清晰明确。小区主入口结合小区会所设置于主干道上，同时沿街商业用房配合其南侧入口广场形成入口序列空间，通过引导与中心庭园景观联系起来，达到步移景异的空间视觉效果。

本案包含公寓与别墅两种物业形态，并有少量商业配套。整体景观依托社区北部与西部毗邻穿流的天然河道，将活水引入社区，赋予了社区整体"临水而居"的自然氛围。高层住宅的Art Deco风格与美式别墅进行区别，诉说了设计师对于浪漫主义闲情逸致及田园诗意般的典雅风格的深层追求，为沪上近郊的别墅群带来了一缕新风。

被繁密的绿植"淹没"的别墅，除了坐拥得天独厚的自然景观，在建筑艺术上也有着别具一格的心思。深远的出挑和水平的线条，汲取了北美草原式住宅的韵味；而金属构架和玻璃栏板的现代化语言，又使得别墅与地方文脉进行了对话，点明其所处的现代环境。

高层住宅利用现代意味的古典建筑语言去编织和户型平、立面相结合的立面形态，强调了细节，强调尺度，强调构件之中的比例，强调外墙的材料、线条、凸窗、简约柱式，丰富光影变化。社区的整体风格利用简洁的新古典及北美建筑语言，加上明快的色彩处理，配以不同的层数组合，使建筑群体高低有序，并且产生丰富的天际轮廓线，在统一中追求变化，创造了丰富的建筑风貌，更令整个建筑外貌明艳突出，形成富有生活气息和品质的社区环境。

本案的建筑设计充分考虑景观在其中将会产生的附加值，为稀有的活水资源留出了充分的表达空间，并且将建筑沿景观四周布置，均具有较好的景观视野。设计师通过建筑及功能分区等实体的元素把用地围合成一主两次景观空间："一主"为联排区和高层区之间的水景空间，此空间正对小区主入口，与小区会所形成很好的对景关系，并创造出丰富且充满情景感的景观序列空间；"一次"为高层区的中心景观空间，次空间为水景与自然坡地景观结合，创造出宜人的小区环境；"另一次"为联排区的中心水苑，创造安静、舒适、尊贵、典雅的人居环境。

06

07
08

09

10

11

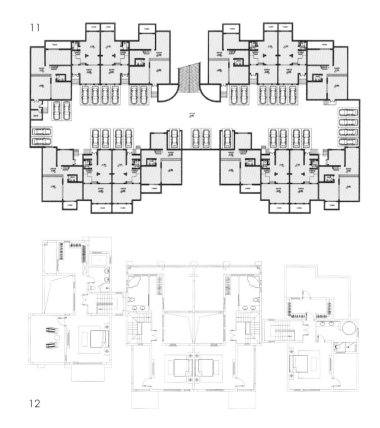

12

13

社区的整体风格利用简洁的新古典及北美建筑语言，加上明快的色彩处理，配以不同的
层数组合，使建筑群体高低有序，并且产生丰富的天际轮廓线，在统一中追求着变化 ————

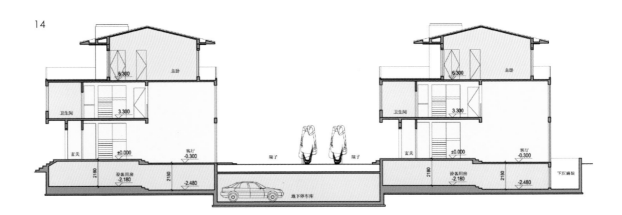

14

07. 富有趣味的屋顶
08. 良好的邻里关系
09. 简洁明朗的别墅立面
10. 别墅实景三
11. 联排别墅组团地下车库
12. 联排别墅二层平面图
13. 联排别墅鸟瞰图
14. 联排别墅组团剖面图
15. 联排别墅立面图

15

天津中信珺台

Tianjin Citic Juntai Community

项目信息

总用地面积：130 000m²
综合体总建筑面积：180 000m²
容积率：1.4
建筑层数：3-30层（别墅，高层）
住宅总户数：1 230
合作设计：天津华汇设计
设计/竣工：2010 / 2011（一期）
开发单位：中信地产
项目地址：天津市西青区

CREDITS

Total Site Area: 130,000m²
Total Gross Floor Area: 180,000m²
Floor Area Ratio: 1.4
Building Floors:
3-30 (Townhouse, High-rise building)
Gross Unit Number: 1,230
Collaboration Design: HHD
Design/Completion: 2010 / 2011(Phase I)
Developer: Citic Real Estate
Project Location:
Xiqing District, Tianjin

01. 沿街效果图
02. 小区夜景

02

01

规划将两类产品进行明确的分区,相互独立、互不干扰,因此规划结构产生东低西高的大格局。通过规划及道路景观设计,将区内被规划路分隔的两地块保持统一完整,让这两块地入口正对开设,形成空间链接。

高层住宅设计为组团式布局,两地块分别配有高层住宅区,分别由4栋高层住宅及少量商业建筑围合成院落空间,中心景观为每栋建筑所共享,并产生较大面积的室外活动空间。高层区布局西低东高,面向外环线方向的城市轮廓线错落有致,层次丰富。立面设计强调高层建筑的竖向挺拔感,色彩以米黄色仿石涂料为主,底部采用深色石材,顶部色彩较浅,整体形成了三段式构图。顶部和建筑基座部分进行了重点细节处理,营造了宜人的尺度感。

低层住宅被赋予了控制项目整体形象的使命,因此规划尽量增大低层住宅的占地比例,并且根据土地价值和产品构成进行层次划分,沿道路布置叠拼住宅,然后向内部布置多拼联排住宅,最内部为低层住宅的核心区,布置为双拼住宅。如此一来,就形成了住宅品质由低至高的向心型结构布局。

低层的叠拼住宅和联排双拼住宅,在平面设计上强调别墅生活品质,突出室内空间的开阔感,采用整面宽的客厅,并将客厅与餐厅视线上连接,以室内700mm高差进行空间划分。每户住宅均有一个挑高空间,营造空间的尊贵感。在空间处理上注意室外与室内空间及内部不同空间的连接与过渡,表现出丰富的空间序列及层次。建筑立面采用英式都铎建筑风格,色彩明快,为红墙和青灰色双坡屋顶的搭配。基底采用米黄色文化石铺砌,门窗、门廊及露台等细部线脚细腻丰富。

03

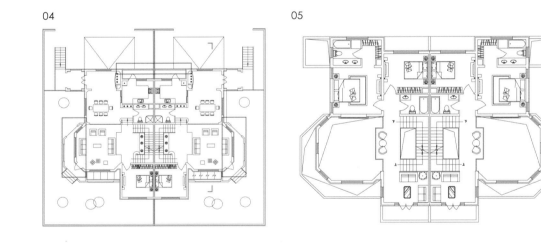

04　　　　　　　　　　05　　　　　　　　　　06

07　　　　　　　　　　08

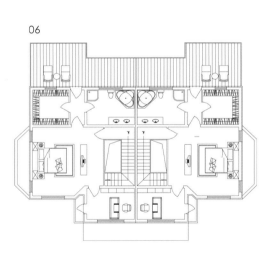

09

10

11

空间处理上注意室外与室内空间及内部不同空间的连接与过渡处理，
表现出丰富的空间序列及层次，从而营造出较强的仪式感空间 ——————

12

杭州和家园·景园
Hangzhou Mountain House Jingyuan

项目信息
总用地面积: 573 000m²
综合体总建筑面积: 689 000m²
容积率: 1.2
建筑密度: 29%
建筑层数: 2-11层 (别墅, 多层, 小高层)
设计/竣工: 2005 / 2010
开发单位: 坤和建设集团
项目地址: 杭州西湖区留下镇 杨梅山路

CREDITS
Total Site Area: 573, 000 m²
Total Gross Floor Area: 689, 000 m²
Floor Area Ratio: 1.2
Coverage Ratio: 29%
Building Floors: 2-11 Floors
Design / Complete: 2005 / 2010
Developer: Hangzhou Canhigh Real Estate
Project Location:
Liuxia Town, Xihu District, Hangzhou

01

02

对自然地域特征的充分考量

社区规划设计随着山林起伏绵延展开。整体规划围绕山体作为区域"绿心",经东、南、北四个方向伸出的林带与居住小区融成一体,在保留规划范围西部水塘的同时,内部新辟小型的水面,力图以"显山露水"的手法营造居住小区的山水生态个性。

在和家园的规划空间设计中,设计师贯彻CCDI长期坚持的"逐级专属"的空间概念,以期为各种等级交往提供相对应的空间场所。交往空间在规划设计中明确分为三级,即:小区空间、组团空间和邻里空间。

景园的设计延续了和家园一期的自然风格,社区结合原有树木的肌理的规划了一条贯穿南北的空间轴,而且顺着原有树木的肌理走向与一期社区空间相连,并在视觉上与东西山体有机联系起来。这里保留了十几棵几十年树龄的樟树、杉树。结合用地形状,沿用原有建筑布置的肌理,设计了六个组团。花园住宅组团由于规划较小及其住宅本身特殊性,规划中更加强调的是它的邻里空间的私密性,这部分的邻里空间将高出道路标高2m之距。

场所营造: 树是回家的方向

探访和家园的过程是个愉悦的体验:从市中心驱车而来,山林由远而近,层峦隐现之间,一条曲折的山道将人们引入和家园地界。一路上,先是一排排挺拔的水杉,继而是一片茂密的樟树林,小的有碗口粗细,大的需两人合抱。掩映在林中青灰色的和庐(售楼处兼会所)若隐若现。越过小区的大门,顺坡而上,眼前景象既熟悉又陌生:一条崭新的柏油路被两旁苍老的香樟树遮蔽,阳光透过浓密的枝叶透射至地面的斑斑点点。几棵立于交叉路口处大树被设计成道路环岛,仿佛为此地所生。而在其后,归家的心情也随着红墙坡屋顶的步步接近而悠然释怀——联排别墅特意设于山脚坡地之处。每户分成前后两部分有连廊相连,不仅将建筑体型分小,而且可调整前后标高以适应不同的地形。每户为一标准模块,依地形、现状树及接纳的山体景观而灵活组合,或上下错动或前后错动,灵活适应树木态势和山地地形。

05

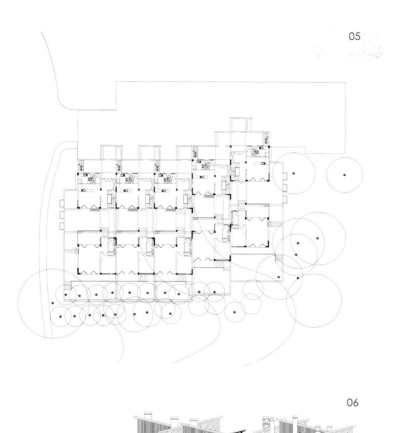

06

07
08

04. 入口细部
05. 联排别墅一层平面图
06. 建筑剖面图
07. 联排别墅入口
08. 别墅户前景观小道
09. 别墅正面实景

09

这便是和家园的场所塑造:让这片土地上的老树在新规划中生得恰然。除树林之外,还有长满芦苇的池塘,生机勃勃的原始山坡等生动场景都被小心地保留在社区花园或房前屋后。

这里有必要再提一下"和庐"的设计,其建筑面积仅1 200m²,但建筑师为之倾注相当的心血,使其在整个社区中成为重要的点睛之笔。

从规划空间上看,"和庐"处在和家园最为茂密的一片树林中。这片密林处在分隔南北两区的杨梅山路的转弯处,在规划之初特意保留并有意设计成社区的入口场所。和庐的建筑形体被分成大小不等的三部分,轻轻地放在林中的空地上,精心设计的连廊将它们串联在一起。从建筑形态上看,该建筑虽以中国传统式的大屋顶、连廊和院落为基本符号,却在同时营造出西方现代建筑的流动空间,其内外变化耐人寻味。建筑立面在砖与玻璃之间获得了微妙的平衡,稳重的建筑造型赋以古朴的青灰文化砖及温暖的实木窗框,使和庐自信而不张扬的与其周围环境静静相处。

任何一个有待开发的项目基地,都蕴含着丰富的信息,等待着设计师用心地去解读、去营造。这是对地域特征的充分尊重,也是建筑师的重要责任之一。当建筑创作贯穿着尊重历史、尊重自然的真切考量,其作为结果的建筑作品一定是有生命力、有灵魂的。漫步和家园,原有的地势地貌被梳理得更加有序,植被配置的更加丰富,大树与房子结合的自然和谐。在远山衬托下,整个园区优雅怀旧的生活气氛无疑将深深感染着每一个来这里的人。

11

12

13

探访和家园的过程是个愉悦的体验：从市中心驱车而来，山林由远而近，
层峦隐现之间，一条曲折的山道将人们引入社区氛围之中 ————

10. 车库入口局部
11. 单坡别墅外景
12. 电梯公寓南面实景图
13. 和庐会所内院实景图
14. 和庐会所场景局部
15. 和庐会所建筑局部

14   15

天津万科水晶城的工业痕迹   天津万科水晶城社区保留的车床   重庆华润二十四城的山地景观

Non-protective Development of Non-historical Protection

非历史保护的非保护性开发

还在几年前，当提起天津玻璃厂、武汉锅炉厂、重庆建设厂、南京无线电厂这些名字时，当地人都会想到高大的厂房、高耸的烟囱、人头攒动的厂大门等。现如今，当再提起这些地方，人们想到的却是另一番完全不同的场景，是一个个绿树成荫、静谧优美、温馨祥和的居住区，那些代表一个时代的名字已被水晶城、百瑞景、二十四城、新都国际等等新的名字所替代。

那些工业厂房在那些土地上至少存在了半个世纪，曾经给那些土地赋予了明确的工业属性。半个世纪的时间放在人类文明的历史长河中，太短暂了。那个时代的工厂现在看来太平淡太无足轻重了。在新的属性被赋予的一刻起，这些土地曾经的短暂历史很可能被彻底格式化。尤其在当下的社会环境，这些厂房不可能有历史保护的光环，在中国类似的工厂太普遍了。甚至，在年轻人眼中，他们意味着陈旧、落后和不环保。

的确，代表那段历史的那些厂房、管道、烟囱等等元素没有列入政府被保护的名单，在开发新项目的时候我们可以把那些工厂彻底推平。但是，当这些历史中的某些元素，能为我们带来新的价值的话，我们没有理由拒绝它们。那么，挖掘这些土地上的新价值，提升新开发项目的价值，使传承历史和开发项目一举两得，这是一个有责任的建筑师应该做的事情。

所谓"非保护性开发"是指，利用旧元素的开发利用是灵活的、主动的、因地制宜的；或许是部分地、重组地、象征地利用开发，而不是原封不动地、被动地保护开发。

就居住区而言，有效的"非保护性开发"做法是，并不是保留的越多越好，而是将有价值的旧元素有意识集中展现在小区的公共开放区域，如小区的会所、商业街、小区花园等等。而小区私密的居住空间则因势而为，不可强求，不可影响了居住的基本功能。规划中既有重墨渲染亦有放松留白，好钢用在刀刃上。

在南京新都国际项目中，便是集中精力在会所展示区部分大作文章。新都国际在有高差的地形上，围绕着一些多年的老树，在这里规划了双首层的商业街和小区会所，作为项目的展示区。打造的展示区有一片城市中少有的植被繁茂的坡地，二三十棵被保留的老树，加之出人意料的坡地上的水池，展示效果非常好。而在一路之隔的住宅区域并没有太多的旧元素保留，使得住宅的规划和建设基本未受到旧元素的影响。重庆华润24城是一个山地高容积率项目，其前身是重庆建设厂。24城的"非保护性开发"是最大限度的保留了原有的地貌，为小区居民打造了一个超大尺度的山地花园，既为业主提供了一个优质的交往休憩空间，又通过保留原有的地貌体现了项目特色，并大大减少了土方工程，全面提升了居住区的品质，可谓一举数得。

由此可见，对于具有历史背景"非历史保护的"居住项目开发，合理挖掘旧元素价值可为项目加分。不可为保留为传承而牺牲住宅的基本要求，那样就舍本逐末了。

下面就类似项目的设计体会，从几个方面——植被、建筑物、构筑物、构件以及概念强化上探讨一下这些非历史保护项目的非保护开发的几项有效的应对措施。

杭州和家园会所置于密林之中   杭州和家园会所内院保留大树

朱光武　CCDI城市综合设计中心　总建筑师

1. 保留。对地域内有价值元素，在新规划中直接原地沿用，使其发挥最大的价值。

　　场地上的植被，是不用解释就会被认同保留的。俗话说"树挪死，人挪活"。所以，植被的保留需要延续原有的生长环境，是否能够沿用原有的肌理保护现状树，是规划中首先要尝试的事情。因为这样我们为保护它花的成本最少，而得到的价值最大，效果也最好。天津水晶城和杭州和家园中小区部分主干道都沿用了原有道路的肌理，顺其自然地保留了大量几十年的大树。两个项目中除了保留成排的行道树之外，都还有整片保留的成功做法。水晶城采用的是减法，将老房子拿去，以原厂卫生所房前屋后六排杨树为主，营造一个现代园林。在东大门处打造了一个近5 000m²的小区花园。而和家园的做法却相反，是在一片茂密的树林中的加入了一组一至二层的建筑，通过老树和新建筑相互衬托营造了一种自然生长的和谐宜人气氛。在这两个项目里使我感受最深的两个场景就在这两片林子里。2009年去天津出差，特地回了趟水晶城。那是一个秋天的上午大约11点，林子里很安静，阳光透过树叶的间隙斑驳地洒在地上，远处两个老人分别坐在两个相距不远的长凳上，闭目养神享受着生活。这样一个祥和的生活画面，正是设计者所希望提供的，这样的场景真的出现了，内心非常感动。而在和家园被感动，是在一个下午。从和庐——那个林子中的房子里出来，顺着坡道往下走着，周围很安静，只能听到自己笃笃的脚步声，突然，头顶传来一阵悉悉索索树叶的摩擦声，循声望去看见两只松鼠在树上追逐。啊！可爱的小松鼠又回来了！这片它们曾经的乐园，因为盖房子，它们被迫逃离了这里。现如今，这里又恢复了以往的宁静，树还是那棵树，林还是那片林，它们又回来了。这片林子营造了一个人和自然和谐相处的环境，这就是保留它们的价值。保留树的价值在于它们承载着时间承载着绿色承载着和谐。这些都不是移栽几棵名贵的树所承载得了的内涵。散落在基地内的零散树木，其价值评定是依据其在新环境中的作用。未来的场景中，树和建筑并不是越近越好。特别是建筑南向的树，一定要避免遮挡阳光，侧面和北面距离可适当减小，但要留出施工脚手架的距离。至于围墙和小品则另当别论，紧紧相邻或相互穿插都是可尝试的做法。所以，在居住区的规划中，尤其要注意植被对建筑的阳光遮挡，树的保留最好在住宅的山墙面或北面，并与建筑留出适当距离。

2. 移植。将有价值的元素移位利用，在新规划合理的节点上出现恰当的旧元素。

　　一段铁轨、一条枕木、一片瓦砾、一块旧砖头……这些再普通不过的元素，当他们出现在小区的广场上，园林的小道中就显得不普通了。在新的环境中他们会显得特别深沉，时间留下的痕迹使得它们为新环境赋予了历史感。水晶城里铺在东入口和中心会所之间的那段铁轨，就是一个成功的移植案例。对于那些便于移动的元素，我们可以随心所欲地让它们出现在希望出现的地点。原则是画龙点睛，宜少不宜多，使其和新环境产生对比，才会凸显其价值，才会显得别致。切忌，用力过猛，喧宾夺主，那样就不伦不类了。

武汉东湖国际社区内的工业痕迹　　　　　　　　　　　　　　富有戏剧性的火车头（武汉复地东湖国际）

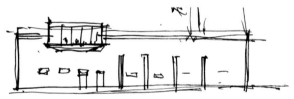

武汉复地东湖国际的厂房改建会所草图

3. 叠加。在适当旧元素中加入新元素创新出新老共存的生动场景。

　　对于场地内的大部分历史元素，如厂房、烟囱、水塔、厂大门等，其体量尺度与新建的建筑往往有较大的差异。第一步要做的就是改造其体量，使彼此协调。武汉东湖国际、百瑞景和天津水晶城都有利用厂房做会所的改造。三者虽都用了叠加的手法处理，但在体量改造上却有不同。水晶城是将老厂房的外皮全部拆掉，包括外墙、屋面和桁架。改造后的厂房只剩下柱子和梁的框架，与周边大量四层半的花园洋房在一起，其体量就显得十分恰当；东湖国际因为前身是武汉重型机械厂，厂房尺度巨大。为减小体量将老厂房的长度砍掉了四分之一，西山墙立面就处理成厂房的剖面。剩下的四分之三，留下了一半的桁架，另一半拆掉插入了新的建筑体块。精心保留了部分漂亮的清水外墙和几品大跨桁架；百瑞景保留的厂房体量不大，而且周边的住宅多为高层、小高层，体量改造动作相对小些，只拆除了附属的两层生活楼，保留了主厂房，只是将端头一跨厂房外墙拆掉，形成高大的入口灰空间。改造力度大小不一，手法也多样，做多大的动作如何改都要根据周围的环境而定。

　　体量改造好后，第二步要做的是加入新元素。新元素的加入手法多样，可穿插其中，亦可环绕其外，可并列亦可相互咬合。较小的建筑或构筑物可在其外加入新元素。水晶城开盘时曾经利用原厂区的大门做了一个LOGO小品。将大门绝大部分拆掉，仅留下四根立柱，再将每根柱四面用玻璃包起来。老柱上的粉笔字还清晰可见，好比封存了一段历史。晶莹的玻璃和沧桑的干粘石柱的对比非常强烈，效果非常好。类似厂房这样的大尺度建筑，加入的元素，往往以老建筑为背景将新元素穿插其中或相互咬合。不论大小，运用叠加时一定要有新旧对比，而且对比要强烈。通过新老的对话，体现出建筑的时代感，对比的新元素不仅限于建筑手法，还可以是景观手法还可以是室内设计手法等等，方法不限，但一定要有，否则，很容易给人沉闷破旧的消极感觉。曾经见过在一住宅小区原封不动的保留了一个砖砌的水塔，由于它前面的住宅只有四五层高，加之所处空间不够开阔，水塔显得庞大、笨拙、沉闷，效果不是太好。对于像烟囱、水塔之类竖向的构筑物，很容易引起人对它的关注，希望能够保留。但首先要考虑的是，是否有足够大的空间。同时，加入的新元素要与旧元素形成鲜明对比，使旧的更深沉，新的更时尚，从而给人以美感。新元素也许是不锈钢等金属构件，也许是几个字或一个鲜亮的LOGO，还可以是精致的景观小品，手法不拘，但最好要有新元素的对比。如果空间不够大，也不是不能保留，只是要设法减小体量，可保留局部。如保留烟囱的下部，再叠加一些新元素，用上部的砖做一些景观小品烘托一下等等。只要做到这两点就不会出大问题。

4. 重构。挖掘旧元素的新价值，在新场景中重新组合，创新体现。

　　简单将非历史保留旧元素原样的陈列出来，体现不出它的价值，也往往缺乏美感，难以打动人。保留的树，要有新的环境、新的道路来

武汉复地东湖国际的厂房改建会所方案　　　　　　　　　　　　武汉复地东湖国际会所　　　　　　　　　　　　上海万科第五园老宅植入

衬托它的古老；移植也是在新环境中的点缀；叠加更是新旧元素的对话。同样，重构本质依然是新与旧的关系。用的元素是旧的，呈现出的结果是新的。能够拆散重构的旧元素可大可小，大的如一条旧的道路，一个巨大的工业容器，一条宽阔的工业坑道等等；小到如砌筑建筑的一块砖，一条枕木，一块生产的原料等等。在国外有将工业储油灌改造为电影院的例子，也有将堆料坑改装为攀岩公园的先例。这些大尺度的元素利用多用在公建项目中，居住建筑中的重构元素适合采用一些小元素。水晶城在保留六排杨树小区花园中，在原来老房子的位置，以玻璃厂常用的耐火砖为材料，砌筑出四个让人休息交流的景观平台。这个景观平台就是用耐火砖这个旧元素，构筑了完全现代的建筑小品，又沿用了原有的建筑肌理，非常巧妙。树和平台小品结合得很自然，营造了一个富有特色的交往空间。重庆24城一期的场地上，有许多曾经做车间的山洞，非常有特色。设计中将部分山洞结合地下车库采光庭院和幼儿园进行重构。小区庭园中的山洞为业主提供了冬暖夏凉的有趣交往空间，幼儿园中的山洞为教师创造了有特色的办公室，既节省了新建幼儿园建筑面积，又因地制宜地体现了项目独有的地域文化。对于这些有特色的地域元素，非常难得，设计之初应好好规划，充分挖掘其价值。

5. 演绎。对于地域文化相关的记忆片段加以艺术加工，烘托社区主题。

　　到过水晶城的人都对会所里的火车头印象深刻。其实，那火车头原本并不存在，为了将小区的历史故事讲得更精彩，特意在铁轨的尽头放置了这么个古老的火车头。只要能在项目的开发中发挥价值，做适当的演绎往往可以收到事半功倍的效果。在深圳第五园和上海第五园中，各搬了一栋徽州的老房子，直观的展现了的美丽的徽州传统民居，强烈烘托了居住区的中国文化主题，给人留下很深的印象。其实，这两个项目都位于城市的新区，场地本身并没有历史可言。两个没有历史文化背景的项目尚可演绎的如此成功，那么，对于开发有着几十年历史背景的项目，就更应运用这一手段传承历史，增加项目内涵，从而加深人们对项目的印象。

　　最后，总结一下本人对非历史保护项目非保护开发中，体会最深的三点原则。

　　第一，旧元素的保留利用不可影响住宅基本使用功能。

　　第二，旧元素与周边环境一定要建立和谐的相互关系。尤其要关注体量、空间尺度以及道路等关系。

　　第三，新旧元素一定要有适当的对话。只有新旧元素的对比才更能体现旧元素的价值，才更具有时代的美感。

　　我们不是在保护历史文物，我们是在创造新价值，我们需要创新，需要创造时代的产品。

Urbanus设计的万科土楼公社　　　　北京观唐中式住宅　　　　深圳万科第五园　　　　CCDI设计的上海青浦东渡国际

China-style, a Decade
中国风，十年路

一、现代中式：文化符号的沉寂与暗涌

在中国城市充斥着高速发展和变化的这个时代，建筑和城市生活的种种场景显得既真实又充满着不确定性。如同世界各民族各地区都以自己的建筑特色争奇斗艳一样，中式风格的现代化是一股曾经被严重低估但却极具发展潜力的设计趋势。现代中式居住设计的出现，说明了文化的回归和认同已经成为一种稳定的趋势，这一点无需多议——中国人吃中国饭住中国房子天经地义。当人们摆脱刚富裕起来的浮躁，沉淀下来寻找对自己的身份的标志时，回归自己的文化是一种必然行径。

早在上个世纪八九十年代，吴良镛先生主持设计的"菊儿胡同"可以作为现代中式（或曰新中式）的早期探索。但是，真正意义上作为商品住宅的现代中式的出现，还是近十年的事。大量的具备典范意义的现代中式居住建筑于2002年-2005这三年间建成，这直接导致了《时代建筑》2006年以"中国式居住"来进行学术思考，同时也是对九十年代欧陆异域风情的反思和批判。在第一批被命名为"现代中式"的社区中，最具代表性的某过于北京观唐（建筑设计：中元国际）和深圳第五园（建筑师：北京院+中建国际+柏涛）。前者提取中国古典建筑规划的精华，采用现代营造技术和建筑材料为我们描绘出一幅庭院深深的绚丽的画卷，其中式庭院则可以说是对中式民居的回归与升华；后者抽取大量的传统建筑的元素进行再创造，虽看不到飞檐朱栏的古典建筑风格，但干净明白的白色粉墙、马头墙、偶然几处月洞，不经意地体现着中国骨子里的审美情趣。这两个项目一南一北，成为竞相效仿的典范。此后，在我的居住地，不南不北的上海，也出现了上海九间堂（建筑师：香港许李严+上海现代集团）这样干净利落，具备幽然意境的中式住宅。近期建成的钱江时代（建筑师：王澍）、天津格调竹境（建筑师：中天建筑事务所），更是将高层建筑做出了中国味儿，实乃不小的突破。

尽管中华民居有着千年的传统，但是"新中式"只是出世不久的婴儿，其理论体系与设计手法均不尽完善。总得来说，这些年的中式住宅越做越精致，传统与现代的结合也更加成熟，同时许多项目的设计开始关注中式建筑的空间本原，而不仅仅是一种符号的形式。但相对于异域风情别墅来讲，中式别墅在数量上和质量上还远远没有占据主导地位，仍有巨大的发展空间。近年来关于现代与中式的研讨似乎沉寂了一段时间。但是我们知道在这段沉寂之中，其实暗涌着更多的思考和能量，更多的优秀作品正在酝酿和浮现。

二、设计研究：无法回避的类型学问题

何谓现代中式？很多人觉得难以给出定义。归根结底，基于资本主义市场经济规律的现代的城市生活，是西方社会历经启蒙运动和工业技术革命之后的产物，这种生活方式经过两百年的发展，与中国传统的城市生活场景存在必然的冲突和碰撞。所以，相对西式而言，中式住宅的精华在其空间的围合与渗透，那份千年传承的安定与优越感是高品质高档次生活的保证。同时中式住宅不论复古或是现代，均应善于营造前廊后厦的"灰空间"，形成与环境的交融和渗透，让过渡空间形成丰富的层次和序列，较之西式的传统住宅清晰结实的外界面处理更富有人情味和休闲感。

在设计研究中，"类型"往往比"定义"更为重要。我们认为，有两个关乎现代中式住宅的类型问题非常值得研究和探讨。

其一，是中国古典住宅的现代转化在类型学上的可能性。中国古典民居至少有十大形式（由北至南分别为：蒙古包、四合院、晋中大院、陕北窑洞、徽系民居、浙江民居、西藏碉楼、湘西吊脚楼、客家土楼、傣家竹楼……），为何只有徽系民居和北京四合院成为当代中式住宅的追逐对象？我觉得其中原因在于徽派民居具有简单、抽象、易于描述的特点，具体说来，其连续的墙面、充满扩展性的空间以及单纯的色彩对比，都与现代建筑形成某种"兼容"，这就可以从一个侧面解释"万科第五园"出现的必然性。但是在此之外，应该提倡更多的实践探索。2008年，万科集团与都市实践事务所联合打造的"土楼公舍"，意在为城市低收入的从事服务业的居住对象提供中国传统精神的解决方案，设计采用了土楼的空间原型，创意之余，销售惨淡，不仅没有解决低收入者的聚居问题，原本计划建筑三座的设想也没有实现——可见新类型的发掘和实施之路艰辛，可想而知。

其二，是"现代中式"自身的类型学问题。在大连理工大学2007年出版的《中式住宅》一书中，陈一峰先生将中国风在形式上分为三种类型：第一种是现代风格为主，加以少量的中国元素，如九间堂；第二种是完全的清式营造，地道的中国传统，如北京观唐；第三种为所谓"新中式"，即以

CCDI设计的黄山雨润徽州小镇　　　　　　黄山徽州小镇联排住宅区夜景透视图　　　　　　上海万科第五园的中式细部　　上海万科第五园的中式空间

艾侠　CCDI 悉地国际 研发经理
　　　CCDI 当代建筑文化研究中心 主任
宋光奕　CCDI 城市综合设计中心 总经理

现代时尚的语言创造完全符合现代人生活的空间，以传统色彩和经过抽象的细部去体现中国的文化特色，如第五园。几年以来，我们发现这样的分类越来越难以立足，也就是说，类型之间的界定变得越来越模糊。看看我们今天的中国风：现代风格的中国元素出现越来越多的变种，地道的清式营造也掺和进去很多其他东西，这样已经很难界定究竟算哪一种类型，而"新中式"的称谓，总难以涵盖全部——多元化的设计实践，掩盖了原本可能清晰的类型原则。

三、新近实例：黄山徽州小镇

随着中国风的到来，我们对中国传统村落进行了初步的了解。中国传统村落选址讲究自然风水，偏好选址于依山傍水的环境，村落多选址于山之阳，依山傍水或引水入村，水光山色融为一片。村落多以合院为单元，布局规整并依地势呈现出自然的聚居形态。我们在进行这类住宅设计时，在建筑设计上摒弃了完全欧美化的做法，而采纳了较多中国传统住宅的元素，如坡屋顶、院墙、青瓦白墙，特别是在大的空间结构上，提倡封闭、半封闭的空间围合方式，以契合中国人内敛含蓄的心理特征，但在内部生活流线上几乎无一例外地吸收了欧式的生活方式，体现了现代都市人的生活理念和价值取向，项目配套都比较现代化，有公建、会所、游泳池等现代人所不可缺少的休闲和娱乐设施。例如，由我们从规划设计一直到施工图设计的黄山徽州小镇项目。这是一个典型的中式徽派风格住宅。设计师们用现代手法对传统民居马头墙和檐口加以演绎，并在灰瓦白墙之间引入更多的玻璃、金属等现代材料，使之更具时代感。较大面积木窗棂的使用，打破了灰色调建筑的冰冷和疏离感，形成温暖亲和的建筑氛围。在住宅细节部分的设计上对中国传统木雕窗花和砖雕进行抽象化，使之更易被居住者接受。我们秉承的是在传承的基础上进行再创造，希望它不仅仅是一阵流于形式的中式住宅，而应该是扎扎实实的搞好建筑内在结构和外在形式的完美统一。把建筑风格和建筑的经济性、实用性综合起来考虑。

四、发展趋势：当中式成为习惯

总的来说，现代中式住宅正在出现更多的设计可能性。因为目前占据行业主导地位的新一代建筑师的教育背景和设计思维更加开放，新成长起来的一批设计机构也大多拥有国际化的语境，他们不再刻意地陷入"中国传统"的设计使命中，而是以多视角，建设性的姿态来思考中式命题。这里有几个重要的趋势不妨一说。

1. "密度"提升

如果想将中式住宅文化重新发扬光大，我们应当考虑如何将中式庭院建造理念应用到高密度住宅项目中去，而不是将简单的或者普通的现代建筑添加少量中式建筑符号就称其为中式住宅。当代中国的城市化进程催生了一大批高密度的都市营造，身处其中，越来越多的建筑师正在试图将"中国风"应用到高密度的城市栖居环境之中。

2. "符号"简化

中式住宅越来越受到人们的追捧，但并不等于符号学上的循环延续。现代风格的中式住宅融合了诸多新的审美需求，特别是通过现代材料和手法修改了传统建筑元素，并在此基础上进行必要的抽象化，脱离了传统建筑陈旧的气息——我们认为是可行之道。例如新近建成的上海涵璧湾（建筑师：张永和），建筑形象隐于环境之中，黑、白、灰三色的运用简洁隐逸，但仍看得出江南格调。

3. 生活方式的"中国风度"

说了这么多，这才是最根本的趋势。中式住宅设计本身所关注的并不仅仅是建筑本身，而是在于与周围环境像融合，特别是在封闭、半封闭空间处理与私密性上具有天生的优势。所以，应该将这种优势发扬，进而唤起"中国风度"的生活方式——反对物欲的堆砌，提倡文人式的清雅格调，在城市繁华之中保留一份内省和宁静。我想，这才是中国人内心深处所认同的中国日子。有人认为是中国房地产市场拯救和复兴了中式住宅，但我们更乐意认同中式住宅及其生活方式拯救了中国生活方式。

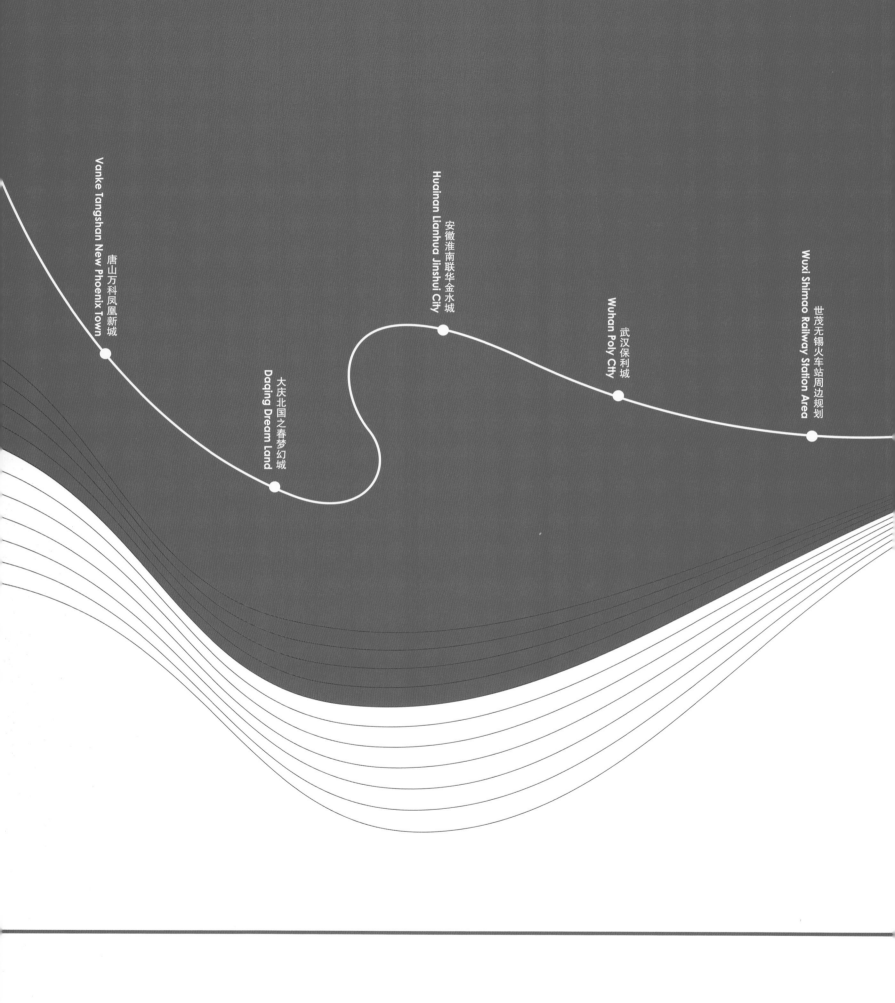

唐山万科凤凰新城
Vanke Tangshan New Phoenix Town

大庆北国之春梦幻城
Daqing Dream Land

安徽淮南联华金水城
Huainan Lianhua Jinshui City

武汉保利城
Wuhan Poly City

世茂无锡火车站周边规划
Wuxi Shimao Railway Station Area

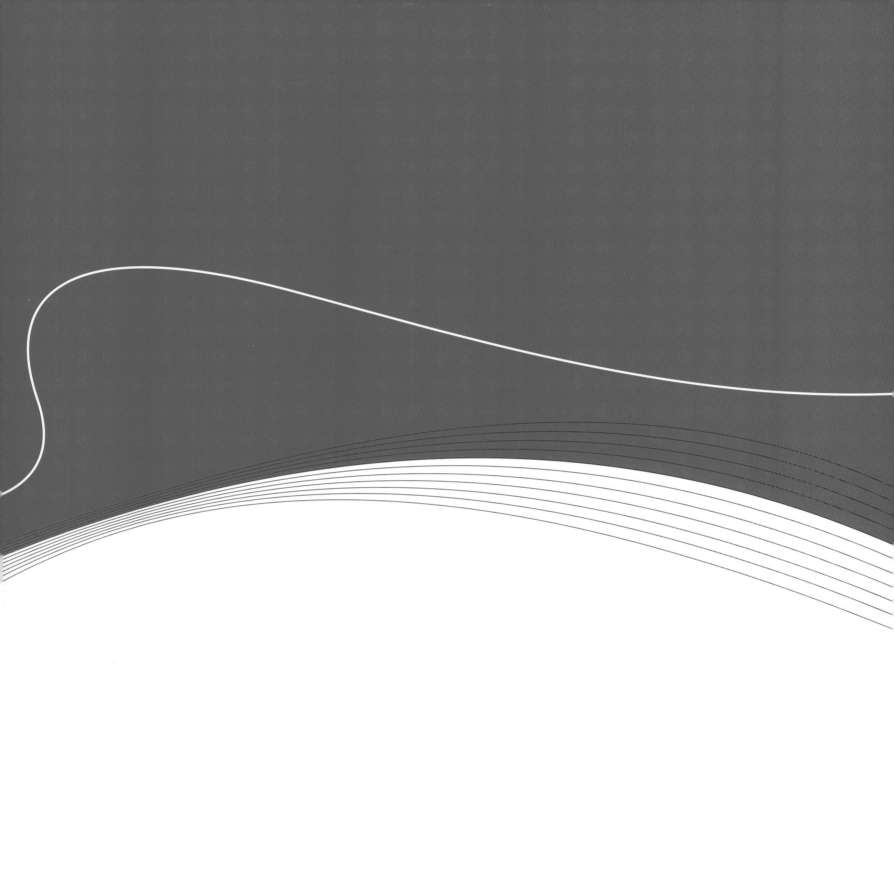

居住区规划
Planning of Residential Community

居住区的规划，就其最终意义而言，是自然资源、城市公共资源、居住资源的重组与再分。规划结构、物业布局、空间布局、道路体系、景观体系、市政管线、技术经济指标等规划设计要素，是资源分配与利用的方法与表现，是规划师对社区文化与价值的发现与塑造，是使用者对生活环境多样化与个性化的追求，更是土地特点与价值最大化释放的有效手段。

CCDI认为，在规划居住区时，既要营造良好的物质环境，也要塑造和谐的社会环境，以多学科融合的视角和手段，综合实现更好的环境效益和社会效益。

本章节收录的五个项目仅是CCDI居住区规划项目的一个剪影，是我们在探索与实践之路上的一个片段。

唐山万科金域华府

Vanke Tangshan New Phoenix Town

项目信息
总用地面积：259 841m²
总建筑面积：772 073m²
　（住宅：629 070m²）
容积率：2.3
建筑密度：23.8%
建筑层数：2-32
设计/竣工：2010 / 2012
开发单位：万科集团
项目地址：唐山市大理路

CREDITS
Site Area: 259,841 m²
Gross Floor Area: 772,073m²
(Residential: 629,070m²)
Floor Area Ratio: 2.3
Coverage Ratio: 23.8%
Building Floors: 2-32
Design/Completion: 2010 / 2012
Developer: Vanke Group
Project Location:
Dali Road, Tangshan

01. 社区全景鸟瞰图（翔云道北向视点）
02. 社区局部鸟瞰图
03. 分析组图

唐山地处大北京经济圈，这座具有百年历史的沿海重工业城市与北京、天津构成了环渤海地区经济发展的"金三角"，京都文化、历史文化和现代工业文明在这里融汇。在这样一个都市里，建造一个有品位、有质量、有细节、有创意的新型社区，为在这个城市生活的人们开创新的生活方式意义重大。而建成后的唐山万科金域华府也会带着住户的体验，构成中国新一轮都市发展的风景线。

在本项目中，规划设计师精心地组织场地交通路网和住宅、商业等功能关系，充分营造多级社区空间。通过调整环境中的物质因素来加强人们的社会交流，从而强化社区居民的安全感和认同感。

通过小尺度代替大尺度的设计手法改善传统上的大尺度规划，尽管大尺度规划为物业管理带来方便，但是不利于居民主体间交往。而本案采用"小尺度"的规划理念，以小群落建构方式带领社区居民寻回往日亲切的市民生活空间，包括人性尺度的街道、邻里关系、公共建筑与公共空间。本案规划中强调社区平衡与多元选择，体现功能适度混合，不仅社区中心规划有完善的社

区商业配套设施，在开放街区形态中更是布置了众多的社区商业，这种相对综合、多样化的功能空间混合，为社区带来了与传统社区不一般的系统化生活和人性化感受，形成一个相对完整同时又相对独立和稳定的多样化生态系统，为在这里生活、工作的人们提供多种生活方式选择。

在整个项目中，邻里同质与社区复合是规划设计师要表达的内容之一。每栋建筑周围都设置了公共空间，每个空间都会提供独一无二的感官体验，为邻里互动创造一个合适的环境，这些空间的类型多种多样，从宏伟气派到安静私人，从自由疏松到严谨正式，空间用途也有各种不同的层次，幽静、舒适、配备活动设施以及公共市政。通过开放街区与封闭组团将新都市主义与中国传统层级院落相结合，体现西方先进规划理念，同时又展现了中国传统建筑精髓。

建成后的万科金域华府被定位为凤凰新区中的大型高档社区，它将带动区域价值，体现万科高度的社会责任感——不仅注重建筑的品质、品味、品牌，更注重项目对城市未来发展的积极贡献。

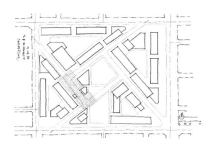

04

05
06

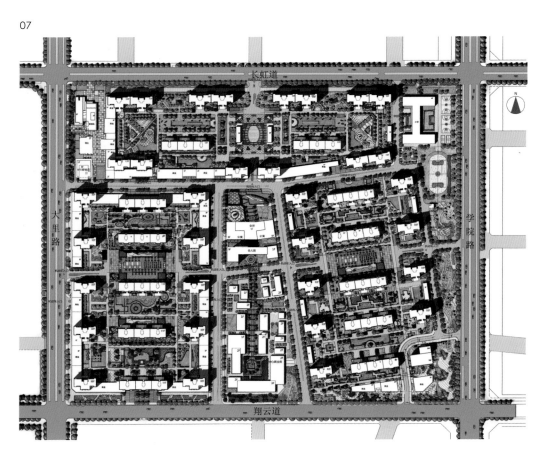

07

08

唐山凤凰新城采用"小尺度"的规划理念，以小群落建构方式带领社区居民寻回往日
亲切的市民生活空间，形成一个相对完整又相对独立和稳定的多样化生态社区系统 ————

09
10
11

12

大庆北国之春梦幻城

Daqing Dream Land

项目信息
总用地面积: 1 065 843m²
总建筑面积: 1 067 250m²
　(住宅: 927 016m²)
容积率: 1.0
设计: 2010
项目地址: 大庆市高新区经九街

CREDITS
Site Area: 1,065,843 m²
Gross Floor Area: 1,067,250m²
(Residential: 927,016m²)
Floor Area Ratio: 1.0
Design: 2010
Project Location:
Jingjiu Road , Daqing

大庆——中国最美的沙榆湿地,犹如一颗璀璨的明珠镶嵌在松嫩平原。这座生态园林城市尽显"湖在城中,城在绿中"的优美姿态。繁华的市区,宽敞的街道,别致的建筑,恢弘的广场,伴随夏至花开如带、冬来雪韵丰盈的景象,诉说着这个城市的优柔婉约,展现着这个城市的人与自然的和谐。

近年来,为了加快生态园林城市建设步伐,提升城市文化品位,改善人居环境,充分利用资源优势,挖掘北方寒地城市特征,打造区域城市人居典范住宅区——大庆北国之春梦幻城顺势而生。

CCDI的规划设计师团队经过数月考察、研究、修改、完善,深切感受到这片土地散发的独特情感,发自肺腑地表达了对这片沃土的期待和热爱。细细地品味这片大型规划社区,您能感觉到设计师勾勒了我们每个人心里隐藏的一个极致的生活梦想。这种生活梦想承载了我们的希望和追求,展示着我们

社会的物质文明和精神文明。大庆梦幻城,带来了多元化的城市体验空间,表达了人、住宅、城市、自然和谐相处的生活境界。

项目的设计灵感来源于雪花,雪花富有美丽的质地,千变万化的图案,奇妙精致的纹理表层,它飘落攀联,天然结合。城市规划的设计理念,也应该犹如天然而成的雪花一样,综合考虑城市质地的组合,衡量城市纹理及其赋予的精致表现力。因此,将项目定位为具有北欧风情的城市居住地,希望通过这种模式带给大庆全新的居住体验。

项目中设计师以水、岛、带、环的造园手法,结合周边的自然条件,产生绿化空间网络,营造滨水节点场所,顺应周围建造环境和城市界面,增添次级沿水景观和建筑地标,尊崇城市轴线、视觉通廊和生态大走廊,相辅相成地塑造了景观视廊和生态内走廊,提供了一个清水青绿的人居环境。

01

01. 精品主题城堡效果图
02. 景观界面分析图
03. 景观轴线分析图
04. 手绘总平面图

02
03

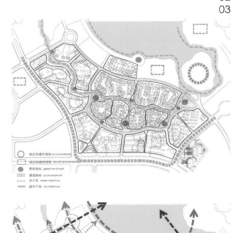

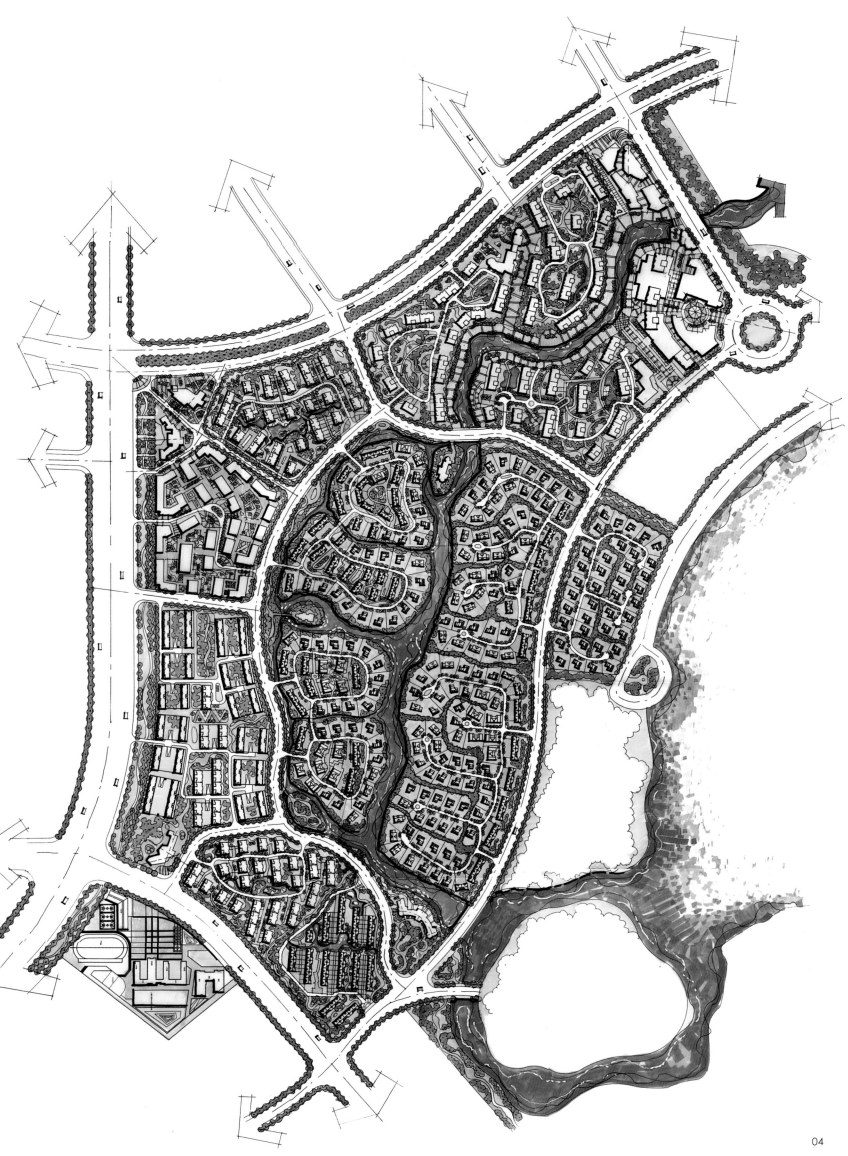

06

07
08

05

本案尊崇大庆的城市轴线、视觉通廊和生态大走廊，在相辅相成的塑造景观视廊和生态内走廊，提供了一个清水青绿的人居环境 ————

09
10

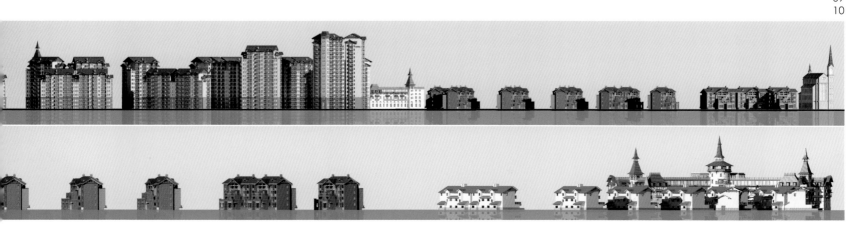

安徽淮南联华金水城

Huainan Lianhua Jinshui City

项目信息

总用地面积: 1 360 000m²
总建筑面积: 1 300 000m² (住宅: 1 200 000m²)
容积率: 1.0
建筑密度: 13.5%
建筑层数: 3-30
设计/竣工: 2009 / 2012
开发单位: 安徽泉山湖置业有限公司
项目地址: 安徽省淮南市舜耕山国家森林公园南麓

CREDITS

Site Area: 1,360,000m²
Gross Floor Area:
1,300,000m² (Residence: 1,200,000m²)
Floor Area Ratio: 1.0
Coverage Ratio: 13.5%
Building Floors: 3-30
Design/Completion: 2009 / 2012
Developer:
Quan Shan Hu Real Estate Co.,Ltd.
Project Location:
Shun Gen Shan National Park, Huainan, Anhui

02

01

01. 一期台地别墅手绘图
02. 鸟瞰图

沿山路

淮南师范教师学院

本案规划用地约为2 650亩，处于国家级森林公园——舜耕山的南麓，用地内部三面环山。山体植被茂盛，中央有面积约为500亩的泉山湖水库。泉山湖水库为天然水体，清澈透底，无任何污染，用地地势起伏跌宕，风光秀丽，景色优美，堪称淮南市绝无仅有的风水宝地，是最佳的人居胜境。

基于如此优越的自然条件和水土涵养，本项目将功能定位为：具有生态山水、高档居住、风情商业、商务酒店、文化教育、公共配套等多功能的有机组合体，一个充满活力与生态的高品质的适宜栖居的"花园里的城市"。

规划充分分析地块中各个区域的交通、地形和景观条件，做到住宅产品类型的丰富性、布局的合理性、资源利用的最大化。最佳水景区域，采用别墅和大宅相结合的设计手法，依山就势，以开放的建筑形式，建筑布局，通过点线的对比增加建筑的丰富层次。通过设计景观通廊，使本地块的自然景观资源与城市景观相互协调与相互渗透。在组团的分布上，根据用地价值分析，以"优势景观、优势产品"为设计原则，将本地块两大景观资源舜耕山河泉山湖为核心，由内而外设计低层组团区域、洋房组团区域、多层组团区域及高层组团区域，形成中间低、四周高的布局模式，使得各种组团的产品均能享受泉山湖和舜耕山的优越景观资源。

其中，在较佳水景区域采用的层层后退设计手法，使得独栋别墅、联排别墅和跌落式情景洋房相结合，在充分享受景观的同时，回避了道路交通的噪音的影响。

本项目分五期开发，首先开发的项目核心区域，最大化地展现了本案生态山水的特色。

03

04

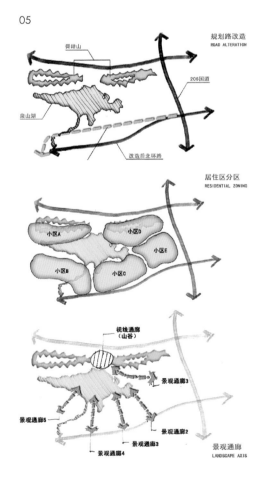

05

规划路改造
ROAD ALTERATION

紫绿山

206国道

泉山湖

改造后北环路

居住区分区
RESIDENTIAL ZONING

小区A
小区D
小区E
小区B
小区C

视线通廊
（山谷）

景观通廊3

景观通廊5
景观通廊4
景观通廊3
景观通廊2

景观通廊
LANDSCAPE AXIS

03. 沿湖住宅效果图
04. 启动区会所鸟瞰图
05. 规划概念推演过程分析图
06. 建筑产品分布图

规划由泉山湖东岸登陆，向陆地深处延伸，利用了基地的坡度，结合沿岸绿植的穿插，营造出台地别墅的形态，将建筑与景观进行巧妙结合，成功打造了本案的示范区；二期开发除了延续一期的物业形态，更大幅度增加了Townhouse和多层住宅的比例，在泉山湖南岸狭长地带横向排列，推进了本案的二期销售；三期地块围绕泉山湖排布，环湖地带的优越景观面和沿湖景观带的塑造，使得三期重点开发更为多元化的高档产品类型和完善的配套设施，再次强调本案的高品质居住环境；四期和五期集中开发高层住宅，为完善本案住宅形态画上了完美的句号。

具有生态山水、高档居住、风情商业、商务酒店、文化教育、公共配套等
多功能的有机组合体，一个充满活力与生态的高品质的适宜栖居的"花园里的城市"

06

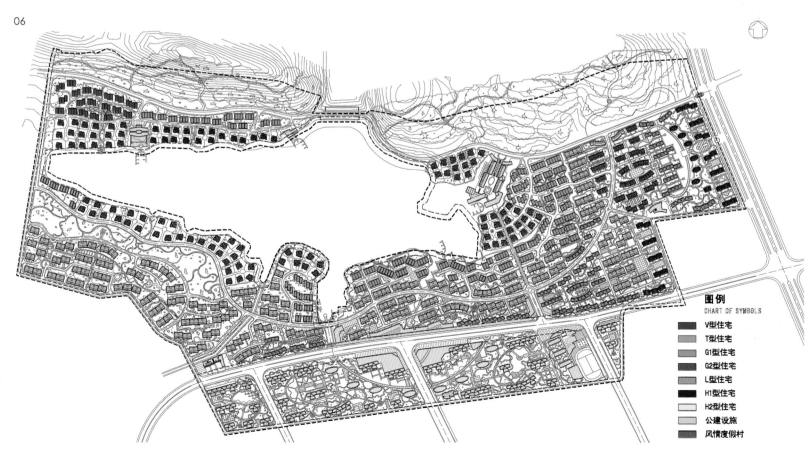

图例
CHART OF SYMBOLS

V型住宅
T型住宅
G1型住宅
G2型住宅
L型住宅
H1型住宅
H2型住宅
公建设施
风情度假村

武汉保利城

Wuhan Poly City

项目信息
总用地面积: 340 000 m²
总建筑面积: 1 550 000 m²
(住宅: 1 060 000m²)
容积率: 3.7
总户数: 12 000
建筑密度: 23%
建筑层数: 3-40
设计/竣工: 2011 / 2013
开发单位: 保利集团
项目地址: 武汉市洪山区

CREDITS
Site Area: 340,000 m²
Gross Floor Area: 1,550,000 m²
(Residential: 1,060,000m²)
Floor Area Ratio: 3.7
Gross Unit Number: 12,000
Coverage Ratio: 23%
Building Floor:3-40
Design/Completion: 2011 / 2013
Developer: Poly Group
Project Location:
Hongshan District, Wuhan

02

01

01. 保利城公共建筑集群人视效果图
02. 全景鸟瞰图
03. 商业部分鸟瞰图
04. 商业部分下沉广场
05. 商业广场人视效果图
06. 总平面图
07. 规划轴线空间分析图

本案位于武汉市内环线与二环线之间, 区域内有场景经过, 湖泊众多, 宛如被众多绿色玉石所包裹。故而本案的设计理念脱胎于"玉", 将玉石的圆润轮廓、流动线条和通透质地等特质在规划和建筑设计中有机地进行运用, 利用当代的设计语汇和技术, 将本案打造成一个新型的、高品质的高尚社区, 并且与周边地顺利地融合。

规划布局注重居住建筑的空间景观差异性, 通过密度和形态的变化创造出丰富的社区空间, 同时注重营造整体富有变化的建筑群体天际轮廓。

在地块东南部, 单独布置集中商业, 并组织内街, 丰富了商业氛围, 避免了大型商业对住区的干扰; 在集中商业上布置开放性较强的SOHO办公和酒店, 使得SOHO办公、酒店和大型商业紧密结合, 相互裨益; 在近大型商业的地块内部十字路口布置了4座高层住宅塔楼, 独特的外形设计使得住宅内外部空间更有个性, 让本案的形象更为突出和鲜明; 除此以外, 结合南部街角公共绿地所打造的街角公园, 与北侧的风情步行街一同给居民提供了充足的户外休闲空间, 并且将公园的绿化延续到了商业空间, 提升了商业品质; 结合各社区主入口布置的沿街商铺, 局部营造了小型内街, 与主商业内街一同, 丰富了商业形态, 为社区提供了便利的服务。

本案采用园林式布局, 用连串的"绿"和"水"的元素设计了一个自然的园林, 通过四条绿洲形成环境景观绿带, 串联整个住宅小区的各块用地。此外, 规划设计数条视野走廊, 又为小区提供了良好的通风景观环境, 小区绿地和市政公共绿地相连, 将本案融于城市的大环境中, 成为点缀城市的一块"宝玉"。

整体的布局收放有致, 点式超高层住宅和酒店营造了恢弘的门户空间感, 其他高层住宅则力图营造出中心大庭院和局部小庭院结合的多层次庭院空间, 符合了国人的居住习惯。商业和公建部分极具现代感的自由曲线幕墙加强了商业活跃的气氛, 聚焦了大众眼光。结合流动的商业平面, 形成富有韵律感的空间体验, 营造出尺度宜人、活泼、亲切的氛围; 住宅部分采用符合现代审美观念的Art Deco风格, 色彩简约、高雅。白色、米黄色和深赭色搭配的建筑立面, 烘托出住宅的精致和大气。

03

04
05

脱胎于"玉"的设计理念，将玉石的圆润轮廓、流动线条和通透质地等特征在规划和建筑设计中
有机地进行运用，利用当代的设计语汇和技术，将本案打造成一个新型的、高品质的高尚社区 ————

06

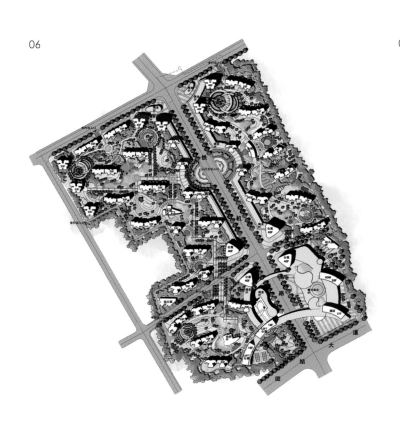

07

世茂无锡火车站周边规划
Wuxi Shimao Railway Station Area

项目信息

总用地面积: 300 000m²
总建筑面积:
1 400 000 m² (住宅: 1 060 000m²)
容积率: 4.6
总户数: 8 150
建筑层数: 1-54
设计/竣工: 2011 / 2013
开发单位: 世茂集团
项目地址: 无锡市火车站

CREDITS
Site Area: 300,000m²
Gross Floor Area: 1,400,000m²
(Residential: 1,060,000 m²)
Floor Area Ratio: 4.6
Gross Unit Number: 8,150
Building Floors: 1-54
Design/Completion: 2011 / 2013
Developer: Shimao Group
Project Location:
Railway Station Area, Wuxi

01

素有"太湖明珠"美誉的无锡,地处长江三角洲腹地,是华东地区重要的交通枢纽,也是我国乡镇工业的摇篮。如今的无锡,是《福布斯》2005年度中国最佳商业城市之一,联合国发布的"中国最具发展前途的25个城市"之一。快速发展的无锡正展现着它的浓情和热烈。

本案毗邻无锡火车站。在兴源路南侧靠近锡澄路一带为已建成高层公建;锡沪路以南通江大道西侧的火车站北广场正在建设中,此处城市综合交通枢纽与规划中的商业用地将为周边地块的开发带来契机和活力。

项目包含A、B、C、D、E、F六个地块,其中D地块为交通枢纽用地,可建设用地面积76 181m²;C地块为商业用地,可建设用地面积39 771m²;

A、B、E、F均为住宅用地。

设计贯彻"以人为本、天人合一、和谐共存"的宗旨,通过空间组合的流动与渗透,结合视觉与景观艺术设计,营造出富有人情味和生活情趣的高品质居住生活环境。通过对基地及周边资源的分析可以看出:沿锡沪路、兴源路、通江大道一侧周边地段商业价值最大,因此在这些位置适当布置住宅区临街商业。沿古运河一侧居住用地景观最优,基地内部的空间营造最大化利用自然景观。除此之外,规划设计师对居住区采用大组团围合空间为主,以内部组团景观和运河景观的组合模式,形成多层次景观形态。在此项目的设计中,始终坚持"以人为本",强调人与环境和谐。

经过多轮推敲,本案总体规划布置合理,交通流畅清晰,功能分区明确,产品分配合理,不但适应市场发展的要求,而且为用户提供多种精心设计的房型。在建筑造型与立面设计上,力求在满足功能的前提下,丰富创新,张弛有度,使其在周围地带具有鲜明的建筑个性。

02

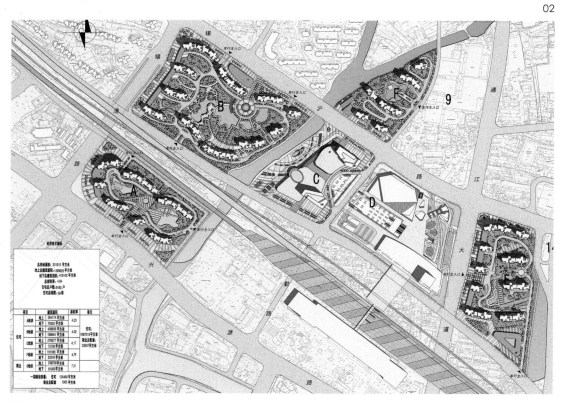

01. 中心商业人视效果图
02. 总平面图
03. 夜景鸟瞰图
04. 社区景观效果图
05. 社区景观效果图
06. 高层住宅与会所沿街人视效果图

03

规划设计通过空间组合的流动与渗透，结合视觉与景观艺术设计，
营造出富有人情味和生活情趣的高品质居住生活环境 ————

04   05

06

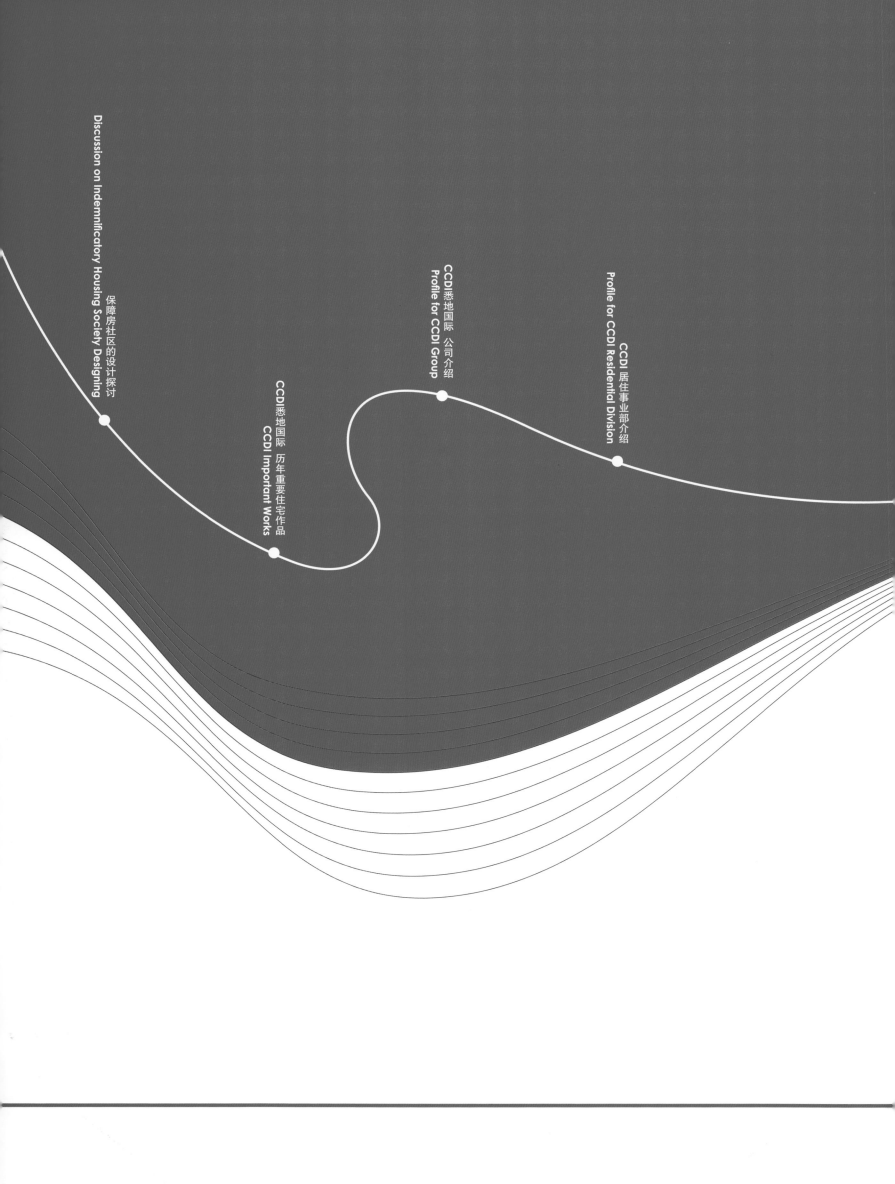

附录
Appendix

Discussion on Indemnificatory Housing Society Designing

保障房社区的设计探讨

保障房并不是一类新的住宅产品，但在商品住宅近些年超常发展的背景下，它险些被边缘化了。然而，在中国房地产市场发展的十字路口，它又获得了凤凰涅槃的新生。从中央近期一再的表态和动作来看，保障房无疑将在未来若干年内迎来大规模发展。作为全国居住建筑设计的领军企业，CCDI对保障房的认识不是停留在设计技术的层面，而是从保障房特有的属性出发，全面把握保障房的特点，运用设计手段挖掘保障房的内涵，实现保障房应有的功能，为政府、开发企业、住户等各利益相关者创造更高的价值。

一、保障房特点简析

1. 房屋与服务对象

按照中央最近的定义，保障性住房可分为三大类：（1）公租房、廉租房；（2）经适房、两限房；（3）棚改房。在一些城市，动迁安置房和回迁房也被视作保障房的一部分。

保障房分类及特点分析

	保障性房屋分类	保障对象	住户持有状态及期限长短	住户对居住舒适度的基准要求
租	廉租房	低收入阶层	不持有，长期居住	低（1）
	公租房I（政府持有）	短期无法负担商品房的年轻人或其他人	不持有，短期居住	低~较高（1~3）
	公租房II（新兴工业园大型企业持有）	短期购买不到商品房的新区人口	不持有，短—中期居住	较高~很高（3~5）
售	经适房	中低收入阶层	持有部分产权，限制自由交易，中长期居住	低~稍高（1~2）
	两限房	中等收入阶层	完全持有产权，可以自由交易，短至长期居住	较高~高（3~4）
	棚改、动迁安置、回迁房	旧城改造、城市化受影响人口	完全持有产权，可以自由交易，短至长期居住	较高~很高（3~5）

从保障房产品系列来看，保障对象跨越广泛的社会阶层，经济负担能力并不是界定保障对象的惟一标准。根据不同的保障房类型，居住者轮换频率、业权持有程度、交易自由度等的跨度均较为广泛，不同类型保障房的住户对住宅舒适度的基准要求也相应地有所不同，由此也带来了对各类保障房设计深度的不同需求。

2. 保障房选址分析

保障房选址类型及特点分析

区位	产业配套	公交配套	教育商业医疗配套	对保障对象的吸引力	建设、设计风险	案例
城市边缘远郊	缺失或滞后	公交发展滞后；通勤成本（时间和经济）抵消低租金/房价的吸引力；轨道交通才能形成一定吸引力	缺失、不齐全或滞后	低	建设风险高	重庆北部新区民心佳园
新兴工业园	同步或先行发展	同步或滞后发展，但企业班车提供有利补充，化解交通成本	同步或滞后	高	建设风险较低	上海浦东南汇镇，6平方公里统一开发
旧城区	齐全	齐全；各种出行成本都较低	齐全	高	可能由于土地获取成本过高而中止项目或改变项目性质，设计风险高	上海松江辰塔经适房项目

与普通商品住房项目的选址很大程度上由开发企业自由选择相比，保障房的选址则更多地体现了地方政府在民生、交通、新城建设等多方面的考虑，开发建设单位在选址方面发言权不大。从实践中看，保障房社区的选址通常在郊区，但根据郊区位置的不同，也可以分为几种类型：（1）城市边缘的远郊区。此类保障房项目土地成本低、可开发面积大，但交通、商业等配套往往滞后较多，上下班通勤压力较大。经适房、限价房等在价格上具有吸引力而又能提供产权的保障房项目选址在远郊区尚可，如是公租房则可能缺乏吸引力。整体建设和设计风险较高。（2）新兴工业园。此类项目虽也地处远郊，但由于有工业园基础配套，生活和交通相对方便，因而能吸引部分人群入住。尤其是为工业园内企业上班员工服务的公租房等，有较大的发展空间。整体建设和设计风险较小。（3）郊区的旧城区。此类项目所处地段生活配套齐全，交通便利，多以旧城改造形式出现。由于地处旧城繁华区域，地块本身价值较高，从而给项目带来了一定的不确定性，对设计工作来说也具有一定的风险。

3. 保障房开发模式

保障房开发模式主要可以归纳为四种：配建、代建、托建和收购。这四种模式本身各有特点，在各个城市中的应用也不尽相同。对于设计企业而言，四种模式亦会带来不同的挑战。

季凯风　CCDI合展设计中心　总经理
周遇奇　CCDI居住事业部　产品研究中心主任

* 配建；
* 优势：保证每个社区中不同阶层人士的适度混合；
* 挑战：每个项目中配建的保障房必然被分配最差的资源和保持孤岛式的隔离状态，不适合大规模提供；
* 代建；
* 优势：强制推行各种优化设计，改善协调和减少建筑废料，从而提升建筑质量的新技术的机会。如建筑信息模拟、工厂化、标准化等；
* 挑战：政府需要建立有力的监管机制、拥有强大的监管能力；
* 托建；
* 优势：鼓励降低设计成本和建设成本的新技术发展；
* 挑战：需要挑选有社会责任感，追求长期效益的开发商，对开发商的管理能力要求较高；
* 收购；
* 优势：能以最快速度完成保障房建设任务；
* 劣势：与设计单位毫无关系。

二、保障房设计标准分析

相对于商品住宅而言，保障房是一种较新的设计业务类型。由于其开发动机、土地获得方式、选址、融资方式、开发模式、用户特征、用户产权类型等多个方面与普通商品住宅均有显著不同，因此，保障房的规划设计天然具有一些与普通商品住宅不同的特点。此外，大部分城市的政府建设主管部门在保障房规划设计专用技术标准制定方面的工作也刚刚起步，因而许多城市中普通住宅和保障房的设计标准并行，或者保障房直接套用普通住宅的设计标准。这些都会给保障房的设计工作带来一些困难和不适应感，在很多时候，需要由建设者、设计单位和建设管理单位先行推出一些"创举"，而后在经验总结的过程中形成设计标准。

1. 设计表现及其标准——规划

(1) 总图

保障房的设计在总图阶段的要点在于强调资源分配的均好性，即产品线要求做到级差少，跨度小，各类产品之间的过度平滑不突兀。在满足设计规范和成本控制的情况下，还要尽力减少各类和各个产品间居住品质的差别，使产品的单位价值较为统一，从而为项目投入使用时减少分配中的争议奠定基础。

此外，保障房产品户型较小的特点在一定程度上增加了提高土地利用效率的难度。在设计中需要注意采用一定的方法使土地得到高效利用。因此，在实践中，南北向、排排坐、单一的楼宇形态是较为适合保障房社区的形态特征。

(2) 停车

在部分城市，保障房社区的停车配比率要求并不低于普通商品住房，而保障房套型面积小，套密度大，建造成本控制严格的特点决定了其停车位设计具有更高的难度和建设成本。因此，保障房社区的停车位设计需要根据不同标准的房屋类型来灵活设定停车率。

* 牟利型的停车场经营看似背离提供满足基本生活需求，实则区分收入阶层，同时可负担居所的核心目标；
* 参考停车率：0.4:1；
* 基于人防面积提供地下停车车位数量；
* 提供充足的自行车车位和完善的设施，参考停车率：1.1:1
* 解决大面积停车的非常思路：鼓励低成本的地面停车楼，为保障房制订容积率特别规定。

(3) 日照

由于保障房建筑通常幢数多、户数多、单元面积小、单元平面形式有限、多室户少，因此保证日照通过率的技术难度比普通商品住宅有所加大。因此，保障房设计应首先符合高效利用土地的原则，以提供尽可能多的可负担住所为第一要务，日照要求可适当放宽，如上海就允许廉租房项目有10%的住户不满足日照标准。但是，目前各个城市对各类型保障房在这方面的标准仍然不统一，造成一定程度上的无所适从，同时也增加了设计成本和风险。

(4) 人防、道路、绿化、市政

从目前的状况来看，保障房的人防、道路、绿化和市政设计标准与商品住宅设计

并无差别。

(5) 建设强度、楼型选择

基于保障房的特殊性，设计中应对建设强度和楼型选择有比普通商品住宅更严格的考虑。百米以上的超高层建筑虽有地价值，但由于其结构成本不易控制，出房率、梯户比、产品品质相互制约，加之人口密度过高（约9 000～15 000人/10公顷），居住环境品质难有保证，因此并不适合保障房项目。相对而言，容积率2.0左右，18层以下的楼宇因其较容易控制成本和人口密度（约6 000～10 000人/10公顷，或折合人均居住用地≥10m²，相当于香港80年代公屋人均用地水准）而更适合保障房项目。

2. 设计表现及其标准——单体

(1) 户型种类少，尽量统一

保障房的户型种类不宜过多，以淡化差异，凸显均好、公平的保障房特征，减少用户选房时的困难，降低分配和销售成本。同时，较少和统一的户型也有助于减少设计和建造成本，便于推广标准化设计，工厂化生产等减少建筑废料，提升建筑质量的技术。

(2) 面宽、进深、厨卫大小标准

保障房各种面积套型的睡房数虽有区别，但居住品质应维持在同一级别。适用于商品住宅设计的强调产品品质级差的序列设计法在这里不再适用。标准化的居住品质设计有利于减少预制组件和标准化配件的种类，节省成本。

(3) 尽可能保证一致的出房率

在出房率方面，保障房的设计应尽量采用一致的楼型，不同户型单元的核心筒设计以相同的出房率而不是最省面积为衡量标准。此处也凸显保障房产品的均好性和公平性，有助于减少分配、销售中的争议。

(4) 节能设计与住宅环境舒适性能

在节能设计方面，保障房的设计难度比普通商品住宅有所降低，同时实施成本也有所降低。具体而言，保障房不要求夸张的观景视野；不要求提供凸窗等产品附加值；出于成本控制的考虑，不建议使用大窗、落地窗、凸窗等常见于商品房项目中的增加节能设计难度的窗型；对立面的美观性不提过度要求；体型系数、窗墙比、窗地比主动寻求尽可能小的数值，基本无需综合权衡。

在采取上述措施节省设计成本、节约材料、建造成本的同时，应注意设计要点转向避免住宅环境舒适性能低于标准下限。即仍须给予保障房户型足够面积的采光和足够面积的通风洞口等。

(5) 立面设计

出于形象工程的需求，保障房的立面设计不能与商品房有明显落差，有时甚至更为讲究。在上海，主管部门规定保障房立面须使用面砖，不能使用成本更便宜的涂料。中国特色造就了放弃舒适性与过度的形象矫饰并存的奇特局面。

(6) 面积统计

保障房的面积统计体系是复杂的，在报建、计算容积率、对外销售或分配时，分别采用套型面积（不含阳台、不含公摊）、计容面积（含公摊、不含阳台）、销售面积（含公摊、含阳台）等，计算方法上较容易混淆，但又要求十分准确。

(7) 设计深度

针对不同类型的保障房，根据其租售性质、住户更换频率、住户经济能力等方面的因素，应采用不同的设计深度。

* 廉租房：提供粗装精装，含厨卫；
* 公租房：提供粗装精装至精装，含厨卫；
* 经适房：提供粗装精装；
* 两限房、棚改房、回迁房：可提供毛坯房。

(8) 配套商业

保障房项目中的配套商业不是保障房的核心业务，具有相对独立性，可以脱开建设，是增加开发企业或投资方赢利空间的点之一。因此，在对社区配套商业的设计中，一方面应关注其对整个保障房社区的支撑作用，配置较为齐全的业态；另一方面需要考虑商业本身未来出售和经营的前景，以最大化其价值，为整个项目提升利润空间。

保障房具有政治和经济的双重属性，近期成为国家对房地产市场调控的重点手段有其内在原因。保障房的巨量建设任务给设计企业带来了新的机遇，但在设计技术特点等方面也要求我们有新的认识和方法。通过多个项目的实践，我们已经积累了一些经验，有了一些心得，但是等待发掘的市场依然非常广阔。我们有能力也应该成为保障房建设的护航者，为政府、建设企业、居住者争取多赢的结果。

1999 金地翠堤湾

1999 中海湾畔

2001 深圳百仕达8号

2001 深圳中旅国际公馆

2003 杭州亲亲家园

2003 深圳百仕达东郡花园东区

2003 深圳百仕达东郡花园西区

2003 深圳万科第五园

2005 天津金地格林世界

2005 天津海河新天地

2006 北京金地格林小镇

2006 常州新城公馆

2006 青岛万科四季花城

2006 上海万科深蓝别墅

2006 天津远洋新干线

2007 常州长岛别墅

CCDI悉地国际历年重要住宅作品

金地翠堤湾
总建筑面积: 175 000m²
设计/竣工: 1999 / 2001

中海湾畔
总建筑面积: 175 000m²
设计/竣工: 1999 / 2001

深圳百仕达8号
总建筑面积: 42 600m²
设计/竣工: 2001 / 2003

深圳中旅国际公馆
总建筑面积: 220 000m²
设计/竣工: 2001 / 2003

上海万科蓝山小城
总建筑面积: 48 700m²
设计/竣工: 2002 / 2004

天津万科水晶城
总建筑面积: 407 100m²
设计/竣工: 2002 / 2004

深圳招商白领公寓
总建筑面积: 81 800m²
设计/竣工: 2003 / 2005

成都中海格林威治
总建筑面积: 208 000m²
设计/竣工: 2004 / 2006

深圳振业第五公社
总建筑面积: 111 000m²
设计/竣工: 2004 / 2006

杭州和家园
总建筑面积: 689 000m²
设计/竣工: 2005 / 2010

天津海河新天地
总建筑面积: 264 000m²
设计/竣工: 2005 / 2007

天津金地格林世界
总建筑面积: 567 600m²
设计/竣工: 2005 / 2007

青岛万科四季花城
总建筑面积: 400 000m²
设计/竣工: 2006 / 2008

上海万科深蓝别墅
总建筑面积: 141 000m²
设计/竣工: 2006 / 2008

天津远洋新干线
总建筑面积: 286 000m²
设计/竣工: 2006 / 2008

常州长岛别墅
总建筑面积: 47 100m²
设计/竣工: 2007 / 2009

成都万科金域蓝湾
总建筑面积: 240 000m²
设计/竣工: 2007 / 2009

上海万科第五园
总建筑面积: 122 000m²
设计/竣工: 2007 / 2009

2002 上海万科蓝山小城

2002 天津万科水晶城

2003 北京昆仑公寓

2003 东莞金地格林小城

2003 深圳招商白领公寓

2004 深圳振业第五公社

2004 成都中海格林威治

2005 杭州和家园

2006 成都龙湖三千里

2006 宁波万科金色水岸

2006 常州新城蓝钻

2006 华润中心二期

2007 成都万科金域蓝湾

2007 深圳怡东花园

2007 上海万科第五园

2007 沈阳金地国际花园

北京昆仑公寓
总建筑面积: 34 750m²
设计/竣工: 2003 / 2007

东莞金地格林小城
总建筑面积: 293 000m²
设计/竣工: 2003 / 2005

杭州亲亲家园
总建筑面积: 313 000m² (三期)
设计/竣工: 2003 / 2006

深圳百仕达东郡花园东区
总建筑面积: 31 800m²
设计/竣工: 2003 / 2005

深圳百仕达东郡花园西区
总建筑面积: 213 000m²
设计/竣工: 2003 / 2006

深圳万科第五园
总建筑面积: 161 700m²
设计/竣工: 2003 / 2005

北京金地格林小镇
总建筑面积: 79 000m²
设计/竣工: 2006 / 2008

常州新城公馆
总建筑面积: 464 000m²
设计/竣工: 2006 / 2008

常州新城蓝钻
总建筑面积: 79 500m²
设计/竣工: 2006 / 2008

成都龙湖三千里
总建筑面积: 323 000m²
设计/竣工: 2006 / 2008

华润中心二期
总建筑面积: 271 000m²
(整体面积)
设计/竣工: 2006 / 2010

宁波万科金色水岸
总建筑面积: 142 000m²
设计/竣工: 2006 / 2008

深圳怡东花园
总建筑面积: 176 000m²
设计/竣工: 2007 / 2009

沈阳金地国际花园
总建筑面积: 254 000m²
设计/竣工: 2007 / 2009

2007 沈阳新世界

2008 慈溪恒元悦府

2008 昆明滇池盛高大城

2008 上海洛克菲勒外滩源项目

2008 武汉百瑞景

2008 西安振业浐灞项目

2008 重庆华润24城

2009 迪拜湾商务住宅项目

2009 上海西郊百仕达项目

2009 武汉复地东湖国际
2009 唐山中兴凤凰新城居住区

2009 武汉金地名郡

2010 昆明实力心城

2010 上海青浦东渡国际

2010 南京复地新都国际

2010 深圳宏达宏欣豪园

2010 中豪威尔森林公馆

2011 北京远洋大望京

2010 宜昌万达广场
2011 安徽六安发能海心沙

沈阳新世界
总建筑面积: 521 000m²
设计/竣工: 2007 / 2009

慈溪恒元悦府
总建筑面积: 51 500m²
设计/竣工: 2008 / 2012

昆明滇池盛高大城
总建筑面积: 362 000m²
设计/竣工: 2008 / 2011

上海洛克菲勒外滩源项目
总建筑面积: 114 000m²
设计/竣工: 2008 / 2012

上海万科铜山街项目
总建筑面积: 265 000m²
设计/竣工: 2008 / 2012

深圳前海地铁上盖项目
总建筑面积: 540 000m²
设计/竣工: 2008 / 2011

杭州下沙北银项目
总建筑面积: 72 500m²
设计/竣工: 2009 / 2012

黄山雨润徽州小镇
总建筑面积: 135 000m²
设计/竣工: 2009 / 2012

昆明木器厂项目
总建筑面积: 1 425 000m²
设计/竣工: 2009 / 2012

上海高桥尼德兰北岸别墅
总建筑面积: 49 100m²
设计/竣工: 2009 / 2011

上海西郊百仕达项目
总建筑面积: 13 500m²
设计/竣工: 2009 / 2012

唐山中兴凤凰新城居住区
总建筑面积: 966 000m²
设计/竣工: 2009 / 2012

昆明实力心城
总建筑面积: 605 000m²
设计/竣工: 2010 / 2012

南京复地新都国际
总建筑面积: 305 000m²
设计/竣工: 2010 / 2012

上海青浦东渡国际
总建筑面积: 112 000m²
设计/竣工: 2010 / 2011

深圳宏达宏欣豪园
总建筑面积: 137 500m²
设计/竣工: 2010 / 2012

唐山万科凤凰新城
总建筑面积: 772 000m²
设计/竣工: 2010 / 2012

天津中信珺台
总建筑面积: 180 000m²
设计/竣工: 2010 / 2012

杭州卓越滨江双子塔
总建筑面积: 204 000m²
设计/竣工: 2011 / 2013

秦皇岛天洋北戴河乔庄别墅
总建筑面积: 23 000m² (一期)
设计/竣工: 2011 / 2013

深圳万科九龙城
总建筑面积: 108 000m²
设计/竣工: 2011 / 2013

苏宁环城—芜湖城市之光
总建筑面积: 1 130 000m²
设计/竣工: 2011 / 2013

 2008 上海万科铜山街项目

2008 深圳前海地铁上盖项目

2008 沈阳华润橡树湾

2008 苏州天地源
"水墨三十度"

 09 杭州下沙北银项目

2009 昆明木器厂项目

2009 上海高桥尼德兰
北岸别墅

2009 黄山雨润徽州小镇

 2009 西安莱安逸境

2009 西安英泰曲江项目

2010 北京紫玉
山庄五期

2010 呼和浩特海亮广场

 2010 唐山万
科凤凰新城

2010 武汉三角路福星惠誉

2010 天津中信郡台

2010 徐州苏宁彭城广场

2011 秦皇岛天洋北戴河乔庄别墅

2011 苏宁环球-芜湖城市之光

2011 杭州卓越滨江双子塔

2011 深圳万科九龙城

沈阳华润橡树湾
总建筑面积: 30 000m²
设计/竣工: 2008 / 2011

苏州天地源"水墨三十度"
总建筑面积: 385 000m²
设计/竣工: 2008 / 2011

武汉百瑞景
总建筑面积: 1 200 000m²
设计/竣工: 2008 /

西安振业浐灞项目
总建筑面积: 583 500m²
设计/竣工: 2008 / 2011

重庆华润24城
总建筑面积: 1 929 000m²
设计/竣工: 2008 / 2011

迪拜湾商务住宅项目
总建筑面积: 2 240 000m²
设计/竣工: 2009 /

武汉复地东湖国际
总建筑面积: 190 000m²
设计/竣工: 2009 / 2012

武汉金地名郡
总建筑面积: 90 000m²
设计/竣工: 2009 / 2012

西安莱安逸境
总建筑面积: 203 000m²
设计/竣工: 2009 / 2011

西安英泰曲江项目
总建筑面积: 535 000m²
设计/竣工: 2009 / 2012

北京紫玉山庄五期
总建筑面积: 25 860m²
设计/竣工: 2010 / 2012

呼和浩特海亮广场
总建筑面积: 650 000m²
设计/竣工: 2010 / 2012

武汉三角路福星惠誉
总建筑面积: 71 500m²
设计/竣工: 2010 / 2012

徐州苏宁彭城广场
总建筑面积: 373 100m²
设计/竣工: 2010 / 2012

宜昌万达广场
总建筑面积: 325 000m²
设计/竣工: 2010 / 2011

中豪威尔森林公馆
总建筑面积: 112 900m²
设计/竣工: 2010 / 2012

安徽六安发能海心沙
总建筑面积: 450 000m²
设计/竣工: 2011 / 2013

北京远洋大望京
总建筑面积: 34 100m²
设计/竣工: 2011 / 2013

PROFILE

CCDI悉地国际 公司介绍 ─────────────────

CCDI悉地国际创立于1994年，是在城市建设和开发领域从事综合专业服务的大型设计咨询机构。公司拥有上海、北京、深圳、成都、纽约五大区域公司，在重庆、南京、天津、武汉、西安、昆明等国内主要城市设置分公司或办事处，实现跨地区经营。CCDI悉地国际曾成功主持设计了国家游泳中心"水立方"等六个北京奥运会比赛场馆，实现了大量自主创新和绿色环保的科技成果。

CCDI悉地国际运用现代企业管理方式，致力于探索中国工程设计行业科学发展模式的变革之路。公司汇聚了近四千名优秀的建筑师、工程师、规划师、咨询师、项目经理、管理顾问等人才，拥有覆盖广泛的业务产品及技术能力种类，在建筑楼宇、轨道交通、产业等领域内提供咨询、建筑设计、建设管理和工程顾问等专业服务，公司致力于为客户提供系统和综合性的解决方案。

我们珍爱身处的城市环境，为此CCDI悉地国际将一如既往地担负起企业的社会责任，为推动中国城市化进程的科学发展及释放工程专业人才的创造力而不懈努力。

PROFILE

CCDI 居住事业部介绍 ————————————————————

自一九九四年CCDI悉地国际成立以来的十多年时间，是中国乃至世界历史上规模最大的住宅建设时期。CCDI悉地国际的整个发展历程也是CCDI与众多客户一起积极应对中国住宅市场急剧变化的见证。

结合CCDI悉地国际的战略规划与发展，居住事业部在多方面进行了积极的创新实践。公司充分运用跨区域、多团队、多专业的矩阵式管理模式，并利用先进的信息化协同设计手段对资源进行合理调配，确保优质资源被充分运用于合适的项目。公司组建了致力于保障房、绿色住宅、都市豪宅、度假社区、超高层住宅等新产品研究与设计的专业团队，并投入大量人力和物力进行技术创新研发。公司着力实施产品管理，通过丰富、完善的产品线提供专业的技术服务，不仅在住宅领域中，还覆盖了公共建筑、体育建筑、医疗建筑等多个业务领域。公司通过有效的项目管理，在保证质量的同时提高效率，适应短的设计周期，实现资源的合理配置与充分发挥。公司还充分发展运用BIM技术，促进精细化管理，提高设计质量和效率。

作为CCDI悉地国际最大的产品事业部，居住事业部目前有逾千名的建筑师、工程师、规划师、咨询师、项目经理和管理顾问为客户提供项目咨询、建筑设计、建设管理和工程顾问等综合服务，帮助客户寻找解决所面临问题的专业技术解决方案。近年来，CCDI居住事业部与众多优秀的客户紧密合作，设计并实施了近千个项目，为改善数以百万计的中国民众的居住环境做出了贡献。

CCDI居住事业部将一如既往地运用自身的专业能力，顺应房地产市场发展的大势以及国家对房地产产业的政策引导，利用自身积累的能力和对市场趋势的把握，为成为中国城市建设的综合服务者而努力。

EMPLOYEES

CCDI悉地国际全体专业人员名单

阿茹罕	蔡向芸	陈斌	陈龙	陈颖	楚苒	狄宪沧	窦玉	方晨蕊	高海鹏	顾荻熙	郭兆琴	何琦	胡家俊	黄健荣
艾侠	蔡胤	陈超	陈孟源	陈永求	褚美红	邸琦	堵奇峰	方锋	高宏	顾刚	郭振兴	何琼琪	胡检	黄杰敏
安翠红	蔡宇	陈琛	陈梦雨	陈勇	褚娜艳	邸书石	杜锋	方若慧	高鸿业	顾海明	郭智锋	何珊	胡军	黄洁华
安宏亮	蔡宇澄	陈晨	陈敏	陈有仲	淳洁	底宏	杜刚勇	方卫兵	高积浩	顾华雯	郭智勇	何淑秋	胡玲	黄斤
安建伟	蔡云亮	陈成	陈明华	陈宇	崔成娜	刁鹏	杜光晖	方文锐	高佳发	顾锦阳	过江文	何曙俊	胡明霞	黄晶
安丽丽	蔡珍	陈程	陈明艳	陈玉侠	崔迪娜	丁伯旭	杜敬艳	方小丽	高坚榕	顾励	过俊	何四祥	胡明现	黄婧婧
安娜	蔡桢	陈聪	陈楠	陈煜	崔广州	丁曹生	杜君梅	方鑫	高健	顾琳瑛	过英姿	何松池	胡念祖	黄靖
安鹏飞	藏爱丽	陈丛林	陈念龙	陈悦	崔家齐	丁国昶	杜科	方亦卿	高静芳	顾枚梅	海峰	何庭皎	胡沛	黄静
安然	曹琛涵	陈丹	陈鹏峰	陈粤	崔凯文	丁浩洋	杜立冬	方媛	高久旺	顾喜发	海靖	何为	胡浅浩	黄炯彪
安新	曹弘璞	陈丹丹	陈萍	陈蕴	崔力恒	丁娟	杜丽思	房金龙	高丽娜	顾晓燕	韩蓓	何唯佳	胡倩倩	黄娟
安岩松	曹慧玲	陈丹桂	陈齐	陈泽露	崔丽璇	丁峻乐	杜龙佳	房仪	高丽玮	顾学勤	韩冰	何夏龙	胡荣	黄凯
安宇	曹建功	陈道庆	陈启雄	陈振喜	崔连锁	丁李辉	杜苏莉	丰德强	高美玲	顾迅雨	韩冲	何晓文	胡容	黄铿宁
白洪桥	曹健	陈德敏	陈强	陈正文	崔露	丁丽娟	杜文博	冯彬	高明政	关发扬	韩慧秋	何艳	胡思捷	黄坚
白仁杰	曹洁蓓	陈刚	陈巧丽	陈祉衡	崔鲁燕	丁瑞	杜雪松	冯聪	高楠	关玲	韩佳彤	何轶林	胡松梅	黄兰淳
白汝	曹莉	陈功	陈巧云	陈志刚	崔美兰	丁瑞杰	杜燕	冯更帅	高骞	关巍	韩建辉	何勇军	胡滔	黄磊
白玮	曹猛	陈国端	陈庆彪	陈志圣	崔萍	丁瑞星	杜影	冯华林	高锐	桂冠超	韩晶	何宇松	胡天玖	黄丽珍
白小梅	曹默	陈国生	陈庆明	陈智贤	崔小民	丁世明	杜于蛟	冯慧	高瑞	桂鑫	韩利国	何远明	胡巍巍	黄林文
白兴鹏	曹嫩	陈浩	陈庆重	陈子慧	崔星	丁苏丽	杜悦	冯佳	高若冲	桂垚垚	韩林燕	何月丽	胡伟	黄璐
白艳	曹秦燕泙	陈皓	陈锐敏	陈紫焰	崔学斌	丁薇薇	段彪	冯镜宇	高森	郭斌彬	韩青	何喆	胡小军	黄梅贤
白杨	曹沁	陈恒	陈绍良	陈自清	崔妍	丁维	段超群	冯俊	高天瑜	郭岑	韩戎	何晓明	胡晓明	黄明超
白银龙	曹韶辉	陈红霞	陈诗萍	成畅纯	崔彦	丁香心	段非	冯丽	高铁军	郭超	韩蓉蓉	何志力	胡晓珊	黄明兰
白莹	曹顺	陈宏	陈是泉	成华	崔迎春	丁燕	段红艳	冯猛	高巍	郭丹	韩少伟	何中才	胡新伟	黄楠楠
白玉龙	曹天德	陈华	陈述	成建娟	崔玉玲	丁一	段洪山	冯琪	高巍玮	郭方	韩书梅	何助节	胡艳	黄佩婷
白玉莹	曹薇	陈晖晖	陈松	成剑	代婧	丁一凯	段堃	冯清泉	高向尚	郭丰涛	韩晓婧	和文戬	胡耀华	黄萍萍
柏发美	曹蔚	陈珲	陈堂	成梁	代理	丁依霏	段淼	冯思琦	高晓佳	郭峰	韩效笑	贺海龙	胡一非	黄启峰
柏炯	曹雯	陈辉明	陈添明	成佩	代松涛	丁屹	段青	冯伟欣	高新慧	郭沪明	韩雪	贺江	胡兆明	黄三贤
柏恺睿	曹秀芬	陈慧慧	陈庭侠	成浈	代维莉	丁莹莹	段雅芬	冯啸	高亚楠	郭华杰	韩燕君	贺军利	胡肇闻	黄涛
柏玲	曹亚柏	陈佳瑜	陈婷	成艳婷	代伟	丁勇斌	段义	冯兴佳	高艳	郭佳娣	韩英姿	贺坤	胡铮	黄廷旭
包碧玉	曹嫣娉	陈家宝	陈万军	成永平	代晓宁	丁悦	段永生	冯宣淇	高怡	郭嘉	韩子军	贺立群	胡志亮	黄薇
包红君	曹阳	陈嘉	陈伟炎	程航	戴菲	丁政	樊建伟	冯绚	高艺涵	郭建强	杭伟	贺茂和	胡治国	黄伟宏
包红梅	曹玉萍	陈建华	陈卫军	程辉	戴积金	董辰静	樊洁	冯宇歆	高鹰	郭健伟	郝朝东	贺强	华纯	黄炜
包伟	曹原	陈剑	陈文	程静	戴继功	董驰斌	樊凯	冯源	高颖	郭金华	郝昊	贺杨	华云	黄先春
包新华	曹悦	陈节丝	陈文宇	程军	戴龙	董慧彬	樊可	冯智	高勇	郭敬	郝赫	贺珍	槐明路	黄小勇
包训品	曹志曾	陈杰	陈武林	程凯	戴隆湘	董劲飞	樊玮	冯梓航	高媛婧	郭静	郝杰	洪斌	黄保丰	黄晓波
宝冠超	岑冈	陈洁	陈曦	程克	戴梦	董京刚	樊翔	凤琪	高尊华	郭君萌	郝丽芝	洪炯	黄波	黄晓婷
毕英杰	柴峰	陈曦	陈晓	程磊	戴宁晨	董敬玲	樊悦	符诚俊	邰佩君	郭奎	郝勤	洪莉	黄达鑫	黄晓霞
毕又林	柴鸿顺	陈惊生	陈晓娇	程茂	戴蓉	董乐	范大鹏	符少环	葛万煜	郭磊	郝爽	洪志勇	黄大军	黄新贤
边昕	柴磊	陈晶	陈晓琳	程平	戴雪茜	董良	范恩杰	符天婧	葛伟长	郭李婵	郝松涛	呼晓静	黄丹萍	黄鑫
卜国强	柴利飞	陈景	陈晓茜	程皖	戴鹰	董曼菁	范霏月	付恩泽	葛媛慧	郭莲	郝秀云	胡蓓	黄冬琴	黄艳
卜海涛	柴青	陈景芳	陈晓艳	程文明	但曼华	董明	范好仕	付利田	葛云鹏	郭培蓓	郝雪	胡兵	黄栋	黄洋
卜芳	柴婉晴	陈靖	陈晓雨	程潇潇	党刚	董鸣华	范健	付宁	宫小强	郭蕊莲	郝志辉	胡春凤	黄恩晶	黄易先
卜红丹	昌静	陈静	陈欣欣	程小淋	党楠	董沫伶	范江涛	付淑娥	龚健	郭锐	何丹	胡大愚	黄芳	黄奕玲
卜少乐	昌敏珠	陈俊航	陈新机	程晓慧	邓锋	董青	范娟娟	付苏晨	龚琪	郭微	何锋	胡丁月	黄飞	黄奕敏
蔡春彬	芪婵娟	陈凯	陈新伟	程新红	邓汉钦	董庆伟	范立群	付新青	龚倩红	郭伟明	何桂嫦	胡菲菲	黄飞龙	黄铁人
蔡丹确	常辰	陈康	陈煊	程彦嗣	邓静	董全利	范梁华	付玉龙	龚尚谦	郭玮	何海波	胡瀚	黄丰明	黄用军
蔡光宇	常耕	陈朗	陈岩	程燕	邓利乐	董荣伟	范琳琳	傅波	龚伟	郭小珊	何海荣	胡红星	黄海清	黄友平
蔡贵玖	常建京	陈磊	陈彦	程远超	邓敏婷	董添翼	范玛丽	傅超	龚亚军	郭晓阳	何惠银	胡宏	黄浩	黄宇
蔡会衡	常林	陈莉	陈燕善	程云	邓鹏	董伟杰	范娜	傅方兴	龚义丹	郭亚静	何佳俊	胡慧玲	黄恒健	黄玉龙
蔡娟英	常萍	陈理力	陈燕燕	程智勇	邓瑞贤	董晓玉	范世芳	傅学怡	龚梓靖	郭亚楠	何娟		黄虹	黄郁
蔡俊	常兴华	陈力	陈尧	池涛	邓绍良	董晓圆	范素琴	傅晏	巩慧敏	郭延超	何俊		黄欢	黄毓璘
蔡珺	常兴瑞	陈历	陈耀东	迟铭泉	邓爽	董学磊	范围	干霖	巩文君	郭轶	何俊彦		黄慧	黄泽钦
蔡强	常秀玲	陈亮	陈业宝	迟妍	邓腾飞	董怡宁	范卫华	高常勇	巩小苏	郭迎华	何坤红		黄嘉麟	黄兆勇
蔡琴	常莹莹	陈林林	陈叶	崇嵩	邓琬子	董屹江	范鑫鑫	高晨辰	谷璐源	郭永刚	何岚		黄剑锋	黄正峰
蔡丝倩	陈安峰	陈林赏	陈一松	仇栋熠	邓雪超	董懿	范叶琳	高翀		郭宇峰	何立才		黄剑雄	黄正威
蔡思	陈宝座	陈琳琳	陈逸浩	初腾飞	邓燕楠	董子龙	范依	高丹		郭宇鹏	何露莺			黄志毅
蔡巍秉	陈蓓蕾	陈凌鹏	陈毅	初祎君	邓志伟	董龚斌	范智辉	高冬君		郭羽嫣	何孟原			
蔡文杰	陈犇犇	陈凌云	陈莹	储怡	邓智敏	窦建港	方斌	高枫		郭玉琦	何昱昱			

218

黄志勇	姜梦怡	阚国良	李蓓蓓	李辉	李娜	李潇	李月龙	林姣	刘迪	刘柳	刘晓刚	刘志高	吕博	马立野
黄子君	姜明军	康琛敏	李彬	李辉萍	李娜娜	李潇潇	李玥	林洁莹	刘笛	刘满	刘晓锦	刘志杰	吕春艳	马丽娟
黄子越	姜薇	康建坡	李斌	李卉	李楠	李小亮	李云	林晶	刘东	刘猛	刘晓娟	刘志祥	吕恒星	马路阳
回敬明	姜晓刚	康杰	李兵兵	李会欣	李宁	李小梅	李兆海	林静	刘东京	刘梦	刘晓丽	刘忠生	吕虹	马敏
回增贤	姜鑫	康利萍	李丙辰	李荟	李朋主	李晓波	李兆奇	林凯祥	刘栋	刘密	刘晓龙	刘子岳	吕晖	马明
惠洁璐	姜耀海	康炜	李秉渊	李慧群	李鹏	李晓军	李振兴	林立	刘凡	刘敏娟	刘晓萌	刘自爱	吕佳韵	马明霞
惠琪	姜一飞	康雄	李炳华	李吉广	李品一	李晓璐	李峥	林琳	刘芳	刘娜	刘新平	柳海霞	吕建福	马南
霍国铭	姜颐雯	康学娟	李炳君	李佳	李平	李晓明	李正言	林玲	刘飞	刘妮娜	刘幸旗	龙飞	吕剑锋	马宁
霍慧霞	姜迎丰	康旖芮	李渤	李佳斌	李璞	李晓艳	李直	林清霖	刘菲	刘年	刘旭	龙桂桂	吕娜娜	马品
霍亮	姜勇	康志伟	李常涛	李佳丽	李茜茜	李晓阳	李志立	林尚彬	刘风	刘宁	刘璇	龙浩然	吕萍	马琪
霍小婷	姜在强	柯凡	李超	李佳宁	李倩	李昕	李志涛	林少彬	刘锋	刘平	刘学雅	龙敏	吕强	马强
霍艳妮	姜智军	柯昊	李辰	李佳倩	李蕾	李欣	李志伟	林少满	刘刚桥	刘萍萍	刘雪菲	龙坪	吕少年	马瑞江
姬慧慧	蒋国琼	孔德鲲	李晨	李珈颐	李巧云	李欣宇	李志勇	林石斌	刘国葵	刘千石	刘雪峰	龙青	吕胜华	马爽
籍成科	蒋靖	孔珺	李晨光	李家艳	李青萍	李新知	李卓琳	林涛	刘国麟	刘倩	刘雅靖	龙诗淇	吕婷婷	马水静
计臻毅	蒋莉莎	孔令峰	李晨曦	李晶	李青松	李鑫	李子墨	林婷	刘海峰	刘强	刘雅琼	龙韬	吕啸	马腾
纪文文	蒋丽君	孔涛	李澄	李建	李群六	李秀清	李子文	林伟	刘海军	刘琴	刘亚萍	龙玉霞	吕新军	马婷婷
纪育文	蒋敏	孔祥峰	李春浩	李建宏	李然	李旭东	里慧	林伟钊	刘海鹏	刘清	刘彦菁	娄玺明	吕永兰	马文豪
季凯风	蒋念慈	寇佩	李春晖	李建梅	李荣荣	李旭红	厉建伟	林蔚忻	刘含豹	刘泉	刘彦珉	娄逸文	吕游	马晓鹏
季燕丽	蒋泉源	匡华	李春丽	李建南	李蓉	李璇	利启燊	林晓华	刘汉贤	刘权仪	刘艳	卢丹琳	吕远安	马晓卿
季真全	蒋婷婷	匡嘉智	李春荣	李建伟	李如峰	李学枫	栗永华	林雄	刘赫南	刘人健	刘艳明	卢迪	吕志军	马秀燕
季征宇	蒋巍	赖青梅	李春艳	李健	李睿	李学红	廉萌	林秀春	刘红	刘仁志	刘艳宇	卢恩龙	吕忠伟	马雪洁
冀壮先	蒋伟	赖潇	李达	李洁瑜	李珊珊	李学强	梁彩霞	林雪蕾	刘红波	刘荣	刘燕	卢刚	罗葆滢	马彦龙
贾芳芳	蒋文旎	兰峰	李大斌	李婕	李少成	李雪	梁峰	林雪梅	刘红娟	刘润民	刘燕春	卢家武	罗冰	马英
贾峰	蒋文彦	兰海民	李丹薇	李进	李桑	李雪皎	梁灏	林雪玉	刘泓	刘若卉	刘阳	卢萌华	罗建国	马元元
贾浩华	蒋雪	兰晖	李东	李京泽	李师尧	李雪源	梁慧妃	林勇清	刘洪盛	刘若瑜	刘洋	卢闪闪	罗景全	马云飞
贾雷	蒋艳飞	兰娟	李东华	李菁	李抒	李雅菲	梁建	林勇兴	刘欢	刘森森	刘瑶瑶	卢守波	罗娟娟	马正英
贾丽昭	蒋燕	兰青	李冬	李靖	李舒静	李亚军	梁建浩	林湧涛	刘慧	刘少兵	刘耀南	卢婷婉	罗俊松	马中芳
贾茜	蒋佐伦	郎盛彬	李恩荣	李静	李蜀	李亚兴	梁锦霞	林远全	刘继文	刘诗扬	刘晔	卢新伟	罗铠	满秋萍
贾卿	焦福庆	郎晓宇	李二明	李娟	李曙光	李延峰	梁晶	林振亮	刘继勇	刘仕海	刘伊	卢燕飞	罗岚	毛定可
贾清军	焦培荣	郎银河	李芳	李俊	李双	李延华	梁晶晶	林志诚	刘加美	刘舒情	刘怡	卢禹	罗莉	毛红卫
贾世文	矫富磊	劳锡冠	李菲菲	李俊键	李双鹏	李妍	梁梁	林志向	刘佳	刘树钦	刘怡升	卢湛星	罗丽	毛锦文
贾业	金蓓瑾	乐超	李锋	李俊杰	李顺姬	李岩	梁仟	林忠	刘建	刘思娟	刘义君	芦明	罗梦竹	毛倩
简乐	金碧涛	乐红俊	李刚	李柯亮	李硕	李研鹏	梁婷	葡晓峰	刘建伟	刘思雯	刘亦函	芦燃	罗娜	毛守平
江春燕	金芳芳	乐荣宇	李广宾	李琨	李松	李彦和	梁晓晴	葡研	刘健	刘松	刘屹	芦帅	罗清风	毛思源
江飞	金海涛	雷海浪	李广收	李岚	李嵩杰	李彦霖	梁馨予	凌华	刘江	刘涛	刘莹	鲁周密	罗莎莎	毛涛
江峰	金辉	雷静	李桂华	李雷	李涛	李艳	梁勇	凌建成	刘劼华	刘葳	刘影	陆丹萍	罗尚丰	毛维倩
江鸿哲	金家全	雷逯	李国华	李磊	李韬	李艳芳	梁鑫	凌青香	刘杰	刘微	刘永晓	陆峰	罗晟	毛谢杰
江华	金家宇	雷亮	李海涛	李莉	李甜甜	李尧	梁艳	凌通	刘今心	刘薇	刘维文	陆贵雪	罗伟	毛烨
江化冰	金洁	雷茂民	李海燕	李立	李婷	李野	梁源立	凌振杰	刘金龙	刘唯	刘宇飞	陆加阳	罗小龙	毛跃军
江坤生	金晶	雷素芳	李郑广	李丽	李婷婷	李一兵	梁振越	凌子	刘津颖	刘维文	刘宇恒	陆佳玲	罗欣	梅丽智
江澜	金灵龙	雷霞	李寒晖	李丽莉	李微	李屹	梁祝瑞	凌书	刘劲	刘伟	刘宇辉	陆钧衡	罗学深	梅龙芳
江丽蓉	金庆友	雷云晨	李翰岚	李丽萍	李微琴	李英灿	梁梓韵	刘安	刘京婷	刘伟峰	刘文	陆林	罗业	梅蔚波
江利强	金薇	雷震	李航	李丽重	李伟	李英臣	梁艺凡	刘宝栋	刘晶	刘炜	刘雨	陆路	罗义平	蒙安民
江水云	金鑫	黎波	李豪	李亮	李卫	李莹	梁毅山	刘冰莹	刘静	刘文	刘昱	陆梅	罗意	蒙磊
江涛	金玄雄	黎春敏	李浩	李琳	李文博	李莹莹	梁珍	刘兵阳	刘娟	刘文捷	刘元	陆猛	罗知音	蒙治银
江婷	金怡	黎灏	李鹤	李路	李文超	李颖	廖灿灿	刘隽伟	刘军	刘文娟	刘悦	陆敏加	罗志鹏	孟凡颖
江勇	金亦如	黎澜	李红	李璐瑛	李文婕	李颖颖	廖进	刘超敏	刘俊	刘文麒	刘悦红	陆邵	骆兰兰	孟岗
江元骅	金颖晖	黎丽娜	李红娥	李梦	李文鹏	李永泉	廖婉贻	刘朝	刘凯	刘文清	刘赟治	陆伟	麻春芳	孟冠楠
江源	金永军	黎鹏	李红坤	李梦野	李文勇	李勇	廖新军	刘康荣	刘科	刘喜琴	刘云峰	陆伟华	马超	孟合巴特
江增源	金云飞	黎平俊	李红星	李苗苗	李雯	李宇辰	廖新融	刘承彬	刘磊	刘弦	刘云浪	陆文林	马琛	孟可
姜爱红	金柱	黎其贞	李宏业	李旻	李雯婷	李玉萍	林国成	刘春华	刘力	刘显峰	刘弦	陆雯婷	马传胜	孟梦
姜安庆	靳元峥	黎琴	李宏伟	李敏	李霞	李玉琼	林国良	刘纯凤	刘立成	刘向阳	刘再扬	陆希	马春晓	孟宪德
姜海平	瞿定强	黎婷	李华坤	李明	李娴	李玉新	林海祥	刘翠园	刘丽	刘潇	刘月	陆莹	马恒	孟禹江
姜宏斌	瞿海波	黎裕琪	李华愿	李明意	李鲜明	李育鹏	林汉祥	刘大治	刘丽东	刘小明	刘振	陆泽斌	马井辉	米会娜
姜金莎	瞿丽	黎忠	李化为	李明远	李嫣	李育松	林红	刘丹	刘亮	刘小强	刘振乾	陆志源芝	马静	米娜
姜静静	瞿勇	李爱东	李焕杰	李茉	李湘	李远	林佳荣	刘丹华	刘玲	刘欣	刘正月	逯伟	马俊	米自闯
姜丽莉	阚光勇	李宝华	李晖	李默	李湘桔	李媛	林佳熙	刘德武	刘琳	刘晓东	刘征	鹿露	马莉	苗晓飞

明建新	彭敏	秦腾芳	单增亮	施蓉瑾	宋志民	孙文哲	陶又搪	王春雷	王立敏	王文飞	王照明	吴凡	伍丰	谢策
缪林卫	彭敏林	秦羿伟	商博	施生喜	苏剑琴	孙晓娟	陶玉娟	王春雪	王立赛	王文涛	王哲	吴芳	伍凌,	谢迪芸
缪思云	彭嵩	秦瑜	商宏	施晓挺	苏健	孙馨让	陶智峰	王春宇	王丽	王文韬	王哲俊	吴刚	伍培贇	谢冬华
莫和君	彭伟	秦正恒	尚聪勇	施扬	苏捷	孙延丽	特木尔	王丹华	王丽萍	王闻悟	王哲群	吴戈	伍鹏翅	谢端
莫世海	彭雅利	秦志宇	邵翠	施姚东	苏娟娟	孙妍艳	滕晖	王东辉	王丽琴	王熙萌	王稳	吴功元	伍涛	谢芳
莫智顺	彭玉凤	青辰	邵华	施永芒	苏珏	孙艳明	滕慧	王东凯	王利民	王曦	王真	吴光德	伍秀浓	谢飞
倪贝	彭元富	邱豪奇	邵继炜	石超	苏敏	孙焱	滕雅伶	王栋	王励	王小龙	王振国	吴国勤	伍颖明	谢富强
倪华	彭肇才	邱红辉	邵佳琪	石娟	苏妮	孙燕君	田波	王二花	王小龙	王小溪	王志刚	吴海浪	武琛	谢会敏
倪丽君	彭智毅	邱家乐	邵佳媛	石磊	苏鹏	孙怡然	田浩禾	王飞	王小溪	王心心	王志勇	吴红莉	武迪	谢慧
倪舒慧	彭洲	邱娟飞	邵坤尧	石少臣	苏文斌	孙艺梦	田虎	王凤	王致尧	王欣	王致尧	吴红霞	武栋	谢建标
倪思慧	皮鑫杰	邱启民	邵丽	石少峰	苏晓	孙雨	田华春	王凤仪	王中原	王鑫	王中原	吴华洁	武君	谢建波
聂昌宁	平帆	邱晓燕	邵锁印	石铁军	苏晓琳	孙岳	田景怡	王刚	王忠琪	王兴华	王忠琪	吴欢庆	武琳琳	谢金柱
聂成伟	蒲先宝	邱新喆	邵喜辉	石小敏	苏亚娣	孙志升	田景瑜	王鸽	王专	王兴慧	王专	吴辉	武淑婧	谢俊仕
聂光明	浦玉珍	邱阳	邵玉婷	石晓波	苏艳辉	索超	田婧慧	王观坪	王卓宇	王星晨	王卓宇	吴会涛	武文博	谢开双
聂育华	普雪梅	邱永红	邵昱	石智誉	苏扬	谈牧	田珺	王国建	王子瀛	王璇璇	王子瀛	吴继合	武文龙	谢丽堃
宁麒林	戚园	区启高	邵云	时匡	苏永建	谭本源	田鹍	王海	王自严	王雪娇	王自严	吴剑钊	武文婷	谢秋花
宁旭	漆国强	曲冰	佘锦	时晓晨	苏宇伟	谭炳锋	田立群	王海萍	王兴华	王雪晴	王总	吴健卓	武峡	谢仁言
宁智华	漆婧	曲珩	申超	史高洁	苏元颖	谭春桃	田饶	王海洲	王兴慧	王雪荣	王尊光	吴金强	武亦文	谢胜兵
牛斌	亓国庆	曲家新	申梦甜	史锦	苏昭灵	谭倩	田三梅	王瀚辰	王星晨	王雅慧	韦源	吴晶晶	武颖	谢位芳
牛春华	亓霜霜	曲卿	申雅琳	史磊	苏正	谭伟	田毅	王航	王璇璇	王亚娟	韦志良	吴静静	奚敏君	谢小丽
牛虹	祁芬	曲庆芳	沈川	史利莎	隋海燕	谭晓华	田永强	王昊	王雪娇	王亚军	魏彬	吴娟	奚卫漪	谢小莹
牛梦媛	祁爽	曲焱	沈淳	史敏	孙宝莹	谭新刚	田雨	王浩	王雪晴	王娅	魏继	吴俊	席向宇	谢延坚
牛腾飞	祁晓青	屈瑞芳	沈飞	史朋飞	孙彬	谭忠	田郁	王红彬	王雪荣	王延中	魏继敏	吴科尖	夏彬	谢祎希
牛晓阳	祁晓云	璩家平	沈福琼	史秋侠	孙彬彬	檀四平	田哲	王红梅	王楠	王彦龙	魏建芳	吴磊	夏波	谢迎
欧琴	齐锋	全美英	沈洪平	史文晶	孙博	汤波	田子京	王洪安	王妮	王艳华	魏景	吴立新	夏芳	谢昱
欧阳坤	齐会云	全修夫	沈惠娟	史文煜	孙超群	汤丹	仝柏青	王洪斌	王雅慧	王艳艳	魏堃	吴连奎	夏光宏	辛蕾
欧阳朋详	齐立志	冉飞亚	沈佳	史晓宇	孙晨	汤海娜	佟晶晶	王华俊	王亚娟	王焱	魏岚婕	吴林涛	夏国兵	莘小菲
欧阳文彬	齐麟	饶理	沈嘉英	史亚杰	孙传华	汤俊杰	佟丽娟	王焕焕	王亚军	王燕	魏林	吴林真	夏国明	邢超
欧阳霞	齐楠楠	饶志坚	沈杰	史勇超	孙聪慧	汤梦阳	童长鸿	王辉	王娅	王燕伟	魏梦楠	吴伦捷	夏婧婧	邢海波
欧阳祎	齐文波	任秉	沈洁	舒宝发	孙芳	汤茜茹	童嘉	王慧	王延中	王燕燕	魏巍	吴敏	夏娟	邢敏
潘国庆	齐现江	任超	沈炯	舒适	孙凤波	汤协康	童晶鑫	王佳	王彦龙	王杨	魏晓菲	吴明	夏林	邢晓霞
潘佳力	齐媛媛	任晨	沈俊余	舒歆	孙福梁	汤占芹	童宁	王嘉臻	王平	王瑶	魏信飞	吴明锋	夏露	邢赞
潘俊	钱斌	任海鹏	沈力	帅奇扬	孙福秀	唐丹	涂志华	王建昆	王平军	王瑶环	魏莹	吴萍	夏美玉	熊海滨
潘磊	钱程	任佳	沈玲珠	帅伟	孙和昊	唐丹丽	万海彦	王建民	王艳华	王莹	魏渝沁	吴千钜	夏天	熊华
潘琳琳	钱栋	任俊芳	沈迁	司小虎	孙建彪	唐富荣	万慧嗣	王建平	王艳艳	王业寒	魏园园	吴强	夏小威	熊力
潘秋雄	钱海洋	任勐	沈倩	司政	孙健	唐桂彬	万林	王建英	王焱	王晔	魏悦华	吴琴	夏雪	熊炜
潘世锋	钱华	任淼	沈芹慧	思伦	孙洁	唐国秀	万璐	王江	王燕	王一丁	温芳芳	吴荣坤	夏雅云	熊宇峰
潘婷	钱佳洁	任鹏	沈庆	宋宝东	孙晶	唐海娟	万罗斌	王娇娜	王燕伟	王一丰	温江辉	吴生庭	夏智一	熊哲
潘雯	钱江	任韧	沈涛	宋彬	孙靖	唐海英	万爽	王津量	王燕燕	王奕	温揆	吴苏华	向芬	修鑫
潘煦	钱磊	任翔	沈伟栋	宋超	孙静	唐和平	万莹莹	王娟	王杨	王奕龙	温权	吴伟	向建英	徐冰
潘娅红	钱平	任晓红	沈霄鹤	宋琛	孙凯	唐丽莎	汪敦计	王军	王瑶	王奕	温树彬	吴炜	向彤	徐超
潘燕卿	钱伟敏	任星晔	沈洋	宋聪弈	孙可思	唐林文	汪嘉懿	王军辉	王瑶环	王毅	温小生	吴文昊	向小勇	徐承昆
潘扬	钱炜	任嫣	沈一丽	宋峰	孙琨	唐璞	汪丽莎	王晶	王莹	王英杰	温雅玲	吴显韬	向兴政	徐春辉
潘阳阳	钱文冠	任炎玲	沈怡	宋光弈	孙蕾	唐荣军	汪祺	王婧	王业寒	王迎春	文杰	吴向军	向雪琪	徐德伟
潘宇浩	钱宗莎	任熠	沈意成	宋金亮	孙莉	唐瑞娟	汪汀	王靖	王晔	王莹	文亦书	吴晓明	项国强	徐瑶
潘云锋	乔彩虹	任远	沈玉琴	宋靖	孙力	唐韦	汪卫娟	王均衡	王一丁	王颖	文志海	吴学淑	肖波	徐刚
庞芳芳	乔彩霞	荣凌	沈缘	宋磊	孙立敏	唐伟	汪旭	王俊航	王一丰	王影	翁丹妮	吴雪斐	肖丹	徐贵
庞国勇	乔雷	荣愈	沈玥	宋莉	孙丽丽	唐文丹	汪益明	王俊英	王奕	王永磊	翁灵	吴燕平	肖红	徐海峰
庞萌萌	乔利君	阮国英	沈云	宋亮	孙莲军	唐文嵘	王爱君	王凯	王奕龙	王宇	邬洁燕	吴瑶华	肖金	徐海韵
庞小强	乔璐	阮丽芬	沈志宇	宋美珍	孙亮	唐雯	王保华	王可湛	王毅	王宇飞	邬京星	吴英英	肖金岚	徐欢欢
庞兴	乔松	阮鹏	盛红	宋丕兰	孙琪	唐雄斌	王蓓静	王坤	王英杰	王雨军	吴冰琳	吴莹	肖立娟	徐辉
庞振波	乔炎	阮泉霞	盛君	宋秋明	孙茜	唐亚明	王彪	王浪	王迎春	王雨萱	吴春莲	吴政华	肖宁	徐慧敏
裴杰	覃华	阮涛	盛晓松	宋涛	孙强	唐英英	王斌	王乐辉	王莹	王玉龙	吴春英	吴知	肖书涛	徐蕙
彭程	覃全斌	阮伊娜	师坤杰	宋文凝	孙珊珊	唐育茜	王冰	王磊	王颖	王玉珠	吴德胜	吴志	肖斯	徐继杨
彭丹青	覃文芝	芮春梅	师敏	宋晓丽	孙少春	唐悦灵	王博	王蕾	王影	王昱	吴登倍	吴智晨	肖涛	徐佳
彭玎	覃宣	芮琦华	师霄峰	宋晓挺	孙爽	唐正梅	王博涵	王蕾馨	王永磊	王喻玺	吴迪	吴州州	肖婉隽	徐佳蓉
彭发军	覃莹	沙涟漪	施丹霞	宋兴华	孙素文	陶赐	王偲偲	王莉莉	王为祥	王媛	吴帝	吴宙航	肖蔚	徐家兴
彭国庆	秦笛	沙颖	施锋	宋暄	孙婷	陶杰	王朝	王立东	王伟	王悦	吴帆	伍春光	肖文	徐杰宇
彭果	秦冬梅	单斐燕	施佳晨	宋学飞	孙巍	陶菊芳	王晨曦	王立军	王伟滨	王云飞			肖雯雯	徐景慧
彭江昊	秦横月	单惠	施亮	宋亚利	孙唯晓	陶骏	王成龙		王伟发	王运兴			肖业豹	徐婧
彭江华	秦欢	单荣亮	施露露	宋一杰	孙伟	陶天琦	王成云		王玮				肖吟	徐旷
彭娟	秦科	单蔚颖	施绿	宋吟雪	孙伟明	陶亭	王钏		王文标				肖云涛	徐理民
彭玲	秦琴		施巧卫	宋璎儒	孙文达	陶喜燕			王文铖				谢标云	徐力钧

220

徐丽云	许翔	杨丹华	杨涛	叶晲	余兴源	曾志和	张建华	张巧玲	张岩	赵灿	赵志新	周宏亮	朱贝	朱用祥
徐亮	许新艳	杨德位	杨滔	叶琼霞	余燚	曾中	张建宇	张情	张艳	赵丹	赵梓颐	周洪宏	朱长青	朱瑜凯
徐玲	许雅琴	杨德志	杨文海	叶绍展	余友熙	翟冬媛	张剑	张融	张艳丽	赵登梅	甄晓峰	周慧慧	朱晨惠	朱玉梅
徐凌燕	许亚楠	杨迪	杨文明	叶媛	余贇	翟海鹏	张金荣	张茹燕	张艳青	赵冬侠	郑琴琴	周坚荣	朱丹	朱园园
徐曼妮	许焰	杨东波	杨稳莹	弋洪涛	俞芳	翟好好	张劲	张瑞云	张艳云	赵刚	郑春仙	周建军	朱丹丹	朱玥扬
徐珉	许颖	杨帆	杨熙	易辽	俞贵荣	翟鹏	张进国	张莎	张燕	赵贵银	郑方	周健能	朱光武	朱兆玉
徐敏杰	许幼华	杨方铱	杨先桥	易林玲	俞菁	翟文科	张进军	张少杰	张燕娣	赵红艺	郑斐	周峤	朱国勇	朱震超
徐娜	许云	杨芳	杨想兵	易群	俞凯丰	翟喜莉	张经纬	张珅珅	张燕萍	赵继光	郑岗	周金林	朱红春	朱正亚
徐勤生	许云龙	杨峰	杨晓波	易伟文	俞龙婷	翟晓晖	张晶	张沈杰	张杨	赵佳南	郑华锦	周隽涛	朱虹	朱正洋
徐冉冉	许桢鹏	杨国华	杨晓凤	易莹	俞欣楠	翟亚敏	张圣曙	张盛楠	张瑶嘉	赵健虹	郑华松	周军	朱继敏	朱志炜
徐蓉	薛宝财	杨海波	杨晓慧	易铮科	虞定辉	詹红	张敬	张诗模	张耀华	赵杰	郑辉	周军龙	朱嘉	朱智锋
徐瑞珍	薛宝珠	杨浩	杨晓韬	殷波	宇新	詹巧利	张镜明	张士花	张叶飞	赵洁	郑娇	周康	朱剑	竺有林
徐淑英	薛成剑	杨泓	杨新华	殷功章	禹庆	湛满成	张静	张世杰	张一举	赵君	郑金龙	周莉	朱剑晨	祝国栋
徐帅	薛聪	杨华	杨雪	殷家伟	郁佳骊	张标	张军	张世魁	张忆纬	赵俊钊	郑举	周莉莉	朱健敏	祝佳
徐松洁	薛港	杨华春	杨雪娟	殷晶晶	喻冲	张彬	张军凯	张仕君	张奕	赵凯	郑莉莉	周磊	朱金飞	祝建刚
徐松林	薛黎明	杨欢	杨彦铃	殷雷	喻功妮	张斌	张凯	张仕云	张毅	赵孔芳	郑璐佳	周李仪	朱进峰	祝峥
徐苏	薛莲	杨卉	杨燕村	殷山瑞	喻沁雯	张波	张侃	张淑亚	张意博	赵焜	郑鸥	周丽平	朱晋洪	庄凡
徐速	薛亮	杨慧慧	杨阳	殷盛伟	喻妍	张博	张克	张帅	张莹	赵磊	郑鹏	周留军	朱晶花	庄光发
徐涛	薛瑞春	杨冀楠	杨杨	殷伟帅	喻彧	张彩虹	张坤	张双全	张莹莹	赵蕾	郑权	周璐	朱静	庄江海
徐滔	薛涛	杨家新	杨洋	尹传香	原帅	张策	张乐	张思俊	张颖	赵莉弘	郑群	周明伟	朱娟花	庄葵
徐庭	薛婷文	杨建伟	杨一罕	尹芳芳	袁贝芬	张超	张雷	张太康	张影	赵礼菊	郑绥宗	周娜	朱俊平	庄琴
徐挺	薛万里	杨建新	杨易鹏	尹璐	袁检波	张晨	张磊	张泰一	张永九	赵力红	郑维伟	周妮娜	朱凯	庄哲
徐伟	薛伟	杨江	杨银霞	尹敏	袁建峰	张成	张莉	张涛	张勇	赵丽英	郑伟文	周盼	朱磊	卓丹凤
徐武祥	薛小民	杨教铭	杨颖	尹沛沛	袁建文	张成琳	张礼	张韬	张宇	赵利红	郑文彬	周鹏	朱莉佳	卓夏莹
徐霞	薛晓利	杨杰	杨颖虹	尹琼	袁鉴平	张川	张力	张悌	张宇星	赵樑	郑妍	周鹏晖	朱立阳	卓娅
徐小平	薛艺菲	杨杰青	杨永刚	尹世永	袁金虎	张春翠	张力文	张天伦	张玉	赵亮	郑寅	周鹏瑞	朱丽华	卓永恒
徐晓珂	鄢小龙	杨晶	杨勇建	尹叙衡	袁魁	张春秀	张立	张天雨	张玉波	赵玲	郑镇宏	周琦	朱良龙	訾友昭
徐心泉	闫栋	杨婧	杨玉林	尹亚洁	袁蕾	张聪	张立杰	张万红	张玉华	赵淼	郑志成	周琪	朱琳	宗晓东
徐鑫	闫光宇	杨靖宇	杨或	尹一茜	袁理	张翠芳	张丽超	张薇	张玉晶	赵明	郑醉文	周起	朱敏	邹晃
徐雄	闫国强	杨静云	杨远发	尹臻	袁曼丝	张丹丹	张丽莉	张维	张玉枝	赵娜	植志成	周瑞雪	朱明震	邹力
徐学民	闫宏韬	杨隽宁	杨云伍	印莉敏	袁少武	张德明	张丽娜	张伟	张御风	赵乃全	智立	周上奕	朱旎皓	邹凌昆
徐焰琳	闫俊强	杨君华	杨韵	印楠	袁涛	张迪	张炜	张炜	张煜	赵宁宁	钟辉	周世兵	朱宁	邹璐
徐燕	闫琳	杨可人	杨展容	应纯平	袁渭强	张迭	张利	张魏	张媛媛	赵前	钟乐	周庭荣	朱鹏斐	邹锵锵
徐燕琴	闫鹏程	杨乐庭	杨振	尤刘惠	袁霄宇	张峰	张利芳	张文恩	张月	赵群	钟雷	周伟	朱芹	邹文宝
徐阳	闫宣娇	杨蕾	杨政	尤倩	袁雪勇	张锋	张利琴	张文方	张月月	赵仁伟	钟凌云	周卫华	朱秋茹	邹献华
徐逸凡	闫昭融	杨黎明	杨志红	由雪	袁焱金	张凤乔	张亮	张文海	张岳	赵睿	钟璐	周蔚	朱权军	邹霄
徐英	严丹	杨立峥	杨志慧	游和宾	袁颖	张钢英	张琳	张文佳	张再寅	赵松妮	钟强	周熙	朱荣武	邹鑫
徐勇	严炯伟	杨丽君	杨智勇	于超	袁志燕	张广海	张琳若	张纹浩	张占双	赵穗	钟玮	周相涵	朱赛花	邹兴
徐玉凤	严军	杨亮	杨中美	于丹	岳芳	张海飞	张霖华	张闻军	张召杰	赵锁慧	钟小林	周晓	朱少青	邹勇
徐云	严俊虹	杨柳	杨子杰	于昊良	岳远波	张海涛	张玲慧	张雯婷	张细奎	赵彤	钟旭	周晓磊	朱淑芳	邹政达
徐璋	严平	杨茂轩	姚彬	于慧	越辉	张海宇	张令佳	张五一	张哲	赵维超	钟燕平	周晓莉	朱涛	邹忠华
徐兆昌	严学亿	杨美君	姚恩生	于晶	曾冠生	张航	张柳娟	张熙	张振华	赵伟	钟尧	周晓伟	朱蔚	左巧芝
许岸程	阎福辉	杨猛	姚飞霞	于雷	曾慧兰	张浩	张龙潭	张霞	张震	赵文萱	钟振能	周鑫龙	朱文兰	左腾腾
许驰	阎立新	杨敏	姚化奇	于淼	曾建良	张红	张龙文	张翔	张震洲	赵希鹏	仲旻晔	周璇	朱文亮	左伟荣
许大伟	阎启	杨沐	姚吉学	于洋	曾俊	张红传	张璐	张贤	张志江	赵夏青	周斌	周艳萍	朱雯	
许丹	颜凤兰	杨娜	姚晶晶	余昂	曾侃	张红阳	张美	张小丛	张志明	赵晓钧	周波	周艳婷	朱先锋	
许芳	颜青	杨楠	姚磊峰	余兵章	曾科	张宏博	张觅	张晓芳	张志强	赵晓艳	周昌芬	周一	朱潇辰	
许峰	颜世宁	杨澎	姚理	余方	曾磊	张宏凯	张苗	张晓洁	张智娟	赵欣	周超	周映缇	朱霄竹	
许桂林	颜欣	杨平	姚立人	余广	曾凌	张宏伟	张敏	张晓婧	张卓	赵新睿	周超雄	周英	朱小乔	
许海滨	颜奕填	杨茜	姚立钟	余健华	曾璐	张华	张明慧	张晓梅	张灼芊	赵旭千	周铖	周颖	朱小亚	
许华夏	晏汉飞	杨琴	姚六生	余洁莹	曾敏敏	张华伟	张明明	张晓晴	张子成	赵学峰	周春婷	周友谊	朱欣燕	
许剑峰	晏洁	杨青	姚米拉	余劲东	曾琦琦	张璜	张娜	张笑男	张子衡	赵亚龙	周大波	周宇	朱雄毅	
许赣	晏鸣	杨青梅	姚明成	余强	曾庆民	张荟婷	张南	张心磊	张子健	赵妍	周飞跃	周遇奇	朱秀丽	
许亮	羊逸君	杨晴燕	姚琦琳	余沁文	曾赛	张惠淋	张宁	张昕龙	张祖能	赵以全	周凤	周悦	朱旭	
许玲璐	阳嵩	杨琼娜	姚起帆	余秋萍	曾韬	张慧	张诺	张欣	章伟良	赵奕	周高凌	周照龙	朱艳丽	
许璐	阳勇	杨秋妮	姚瑞平	余群生	曾小涛	张慧联	张培	张鑫	仉海龙	赵颖	周国良	周振宇	朱燕	
许青	杨必峰	杨少红	姚伟祥	余睿	曾晓伟	张慧卿	张佩佩	张星		赵勇	周海	周志达	朱翌友	
许晴	杨斌	杨少龙	姚瑶	余珊珊	曾新华	张慧颖	张鹏	张雄伟		赵雨希	周海拴	周舟	朱毅辉	
许少良	杨冰莲	杨晟	姚子男	余卫江	曾雄林	张佳	张鹏飞	张旭		赵宝建	周海涛	周洲	朱熠倩	
许少珍	杨波	杨士杰	叶春菊	余希	曾学为	张佳眉	张鹏翼	张学斌		赵斌	周昊	周祖翠	朱樱	
许世强	杨彩霞	杨守迎	叶红	余贤	曾洋杰	张家骏	张琪	张雪娜		赵之昆	周浩		朱安磊	
许淑君	杨成	杨爽	叶建阳	余晓敏	曾毅	张家轩	张倩	张雪婷			周红波		朱宝勇	
许伟龙	杨丹	杨松涛	叶丽娟	余新海	曾玉婷	张建	张琴	张雅静			周宏宾		朱勇军	

AWARDS & COMMENDATIONS
荣誉奖项

东莞金地格林上院 Dongguan Gemdale Green Residences
2005年度建设部优秀勘察设计三等奖 | 2008年华人住宅与住区规划设计奖 | 2006年百年建筑规划设计大奖. 景观设计大奖 | 2007年深圳市第十二届优秀工程勘察设计-优秀住宅三等奖

深圳招商城市主场 Shenzhen CM Main Plaza
2005年全国人居经典建筑规划设计方案竞赛-建筑金奖 | 2007年第五届中国建筑学会优秀建筑结构设计奖三等奖 | 2007年广东省优秀工程勘察设计评优——住宅二等奖 | 2007年深圳市第十二届优秀工程勘察设计——优秀住宅二等奖

天津万科水晶城 Tianjin Vanke Crystal City
2005年度建设部优秀勘察设计三等奖 | 2008年华人住宅与住区设计大奖 | 第五届詹天佑土木工程大奖 | 2003-2004年度中国建筑工程总公司优秀工程设计二等奖

深圳振业第五公社 Shenzhen Zhenye 5th Community
2005-2006年度中国建筑工程总公司优秀工程设计三等奖 | 2007年深圳市第十二届优秀工程勘察设计——优秀住宅设计二等奖 | 2007年2007年广东省优秀工程勘察设计——优秀住宅设计三等奖

深圳万科第五园 Shenzhen Vanke 5th Garden
2005-2006年度中国建筑工程总公司优秀工程设计一等奖 | 2007年深圳市第十二届优秀工程勘察设计-优秀住宅设计一等奖 | 2007年广东省优秀工程勘察设计评优——住宅一等奖

深圳怡东花园 Shenzhen Yidong Garden
2005-2006年度中国建筑工程总公司优秀方案设计三等奖 | 2007年全国人居经典建筑规划设计方案竞赛 规划、环境双金奖

上海万科深蓝别墅 Shanghai Vanke Deep Blue Villa
2005年全国人居经典建筑规划设计方案竞赛规划金奖

上海万科第五园 Shanghai Vanke 5th Garden
2005-2006年度中国建筑工程总公司优秀方案设计三等奖

杭州和家园 Hangzhou HE Home
2005-2006年度中国建筑工程总公司优秀方案设计三等奖 | 2007年广东省注册建筑师协会第四次优秀建筑创作——佳作奖 | 2008年华人住宅与住区生态住宅设计奖

杭州亲亲家园 Hangzhou Qinqin Garden
2005-2006年度中国建筑工程总公司优秀工程设计二等奖 | 2007年广东省注册建筑师协会第四次优秀建筑创作——佳作奖 | 2008年华人住宅与住区设计大奖 | 2008年全国人居经典建筑规划设计方案竞赛建筑、规划双金奖

成都中海格林威治城 Chengdu Greenwich Residence
2005-2006年度中国建筑工程总公司优秀工程设计二等奖 | 2008年詹天佑大奖优秀住宅小区金奖 | 2008年四川省优秀工程勘察设计奖

天津金地格林世界 Tianjin Gemdale Sunshine Union
2005-2006年度中国建筑工程总公司优秀工程设计三等奖 | 2007双节双优杯住宅方案竞赛－特别奖 | 2008年华人住宅与住区建筑设计奖

深圳麒麟山庄配套工程 Shenzhen kylin Residence
2005-2006年度中国建筑工程总公司（住宅与小区规划）三等奖 | 2007年深圳市第十二届优秀工程勘察设计-优秀工程设计三等奖

华润中心二期（酒店+公寓） Shenzhen City Crossing Phase II
2005-2006年度中国建筑工程总公司优秀方案设计二等奖 | 2007全国人居经典建筑规划设计方案竞赛 综合大奖 | 2007年广东省注册建筑师协会第四次优秀建筑创作-佳作奖 | 2011年广东省优秀勘察设计奖一等奖 | 2010年深圳市第十四届优秀工程勘察设计建筑工程类一等奖—住宅

惠州山水江南 Huizhou Jiangnan Residence
2005-2006年度中国建筑工程总公司优秀方案设计一等奖 | 2006年全国人居经典建筑规划设计方案竞赛综合大奖 | 2007年广东省注册建筑师协会第四次优秀建筑创作佳作奖

天津海河新天地 Tianjin Haihe New Town
2005-2006年度中国建筑工程总公司优秀方案设计二等奖

福州泰禾红树林 Fuzhou Taihe Mangrove
2006年全国人居经典建筑规划设计方案竞赛规划金奖

北京昆仑酒店式公寓 Beijing Kunlun Apartment and Hotel Complex
2006年百年建筑建筑-单体设计优秀奖

深圳百仕达东郡广场 Shenzhen Sinolink East Garden
2006全国人居经典建筑规划设计方案竞赛规划、建筑双金奖 | 2007年深圳市第十二届优秀工程勘察设计-优住宅表扬奖 | 2008年华人住宅与住区建筑设计奖奖 | 2010年深圳市第十四届优秀工程勘察设计建筑工程类三等奖

长春万科上东院一、二期 Changchun Vanke Upper East Side
2007年深圳市第十二届优秀工程勘察设计

新城·青浦汇金路项目 Qingpu Huijin Road Project
2007年全国人居经典建筑规划设计方案竞赛建筑金奖

武汉万科城市花园住宅小区（一\二期） Wuhan Vanke City Garden
2007年詹天佑大奖优秀住宅小区金奖

苏州中旅蓝岸国际 Suzhou CTS Blue River
2007-2008年度中国建筑工程总公司优秀住宅工程二等奖 | 2008年华人住宅与住区建筑设计奖

迪拜湾商务住宅项目 Dubai Creek Front Development at Business Bay
2008年全国人居经典建筑规划设计方案竞赛建筑金奖

沈阳新世界花园二期 Shenyang Brand New World Garden
2008年全国人居经典建筑规划设计方案竞赛综合大奖

重庆奥林匹克花园 Chongqing Olympic Garden
2008年华人住宅与住区规划设计奖

合肥融科九重锦 Hefei Raycom Brocade Residence
2008年全国人居经典建筑规划设计方案竞赛规划金奖

重庆华润二十四城 Chongqing CR-Land Twenty-Four Town
2008年全国人居经典建筑规划设计方案竞赛建筑金奖

宁波万科金色水岸 Ningbo Vanke Golden Town
2008华人住宅与住区建筑设计奖

天津经济开发区西区蓝领公寓 Tianjin Blue Collar Flat
2008年全国人居经典建筑规划设计方案竞赛 规划、建筑双金奖

深圳市NS12-01地块保障性项目 Shenzhen NS12-01 Security of housing Project
2008全国保障性住房设计方案竞赛三等奖

深圳金地渔农村 Shenzhen Gemdale Fisher Villiage
2008年深圳市第十二届优秀工程勘察设计-优住宅二等奖 | 2009年广东省勘察设计三等奖

东莞汇景凯伦湾 Dongguan Grand View Karan Bay
2009年东莞市第优秀工程勘察设计-方案三等奖

东莞万科翡丽山 Dongguan Vanke Philippe Mountain
2010年东莞市优秀勘察设计奖——方案奖三等奖

东莞万科金域华府一、二期 Dongguan Vanke Golden Mansion
2010年东莞市优秀勘察设计奖——方案奖三等奖

黄山市徽州小镇 Huangshan Yurun Huizhou Town
2010年华人住宅与住区建筑设计奖

昆明滇池盛高大城 Kunming SPG Metropolis
2010年华人住宅与住区规划设计奖

兰江山第花园 Lanjiang Mountain Garden
2010华人住宅与住区景观设计奖

沈阳金地国际花园 Shenyang Gemdale International Garden
2010年华人住宅与住区规划设计奖

西安莱安逸境 Xi'an Laian Fairyland
创新风暴·2010中国居住创新典范

青岛万科魅力之城 Qingdao Vanke Aglamorous City
2010中国土木工程詹天佑奖优秀住宅小区金奖

图书在版编目（CIP）数据

CCDI住宅设计作品精选.2 ／《CCDI住宅设计作品精选Ⅱ》编委会编.
— 北京：中国城市出版社，2012.5
ISBN 978-7-5074-2508-6

Ⅰ. ①C... Ⅱ. ①C... Ⅲ. ①住宅－建筑设计－作品集－中国－现代
Ⅳ. ①TU241

中国版本图书馆CIP数据核字(2012)第205989号

《CCDI居住作品精选2》编委会

总策划：单增亮　赵晓钧

编委会主任：李志立
编委会（按照笔画顺序排列）：
区启高　王崭　艾侠　白艳　朱宁　朱雯
朱长青　朱光武　庄葵　刘耘　关巍　孙文哲
苏剑琴　李进　李峥　李春浩　吴继合　宋晅
宋光奕　季凯风　周康　周遇奇　姜在强　姜晓刚
海峰　覃莺

主编：艾侠
编辑团队：李品一　覃莺　王冰　朱小亚

策划编辑：石莹　林佳艺

责任编辑：陈夕涛
封面设计：杨翠微
责任技术编辑：张建军
出版发行：中国城市出版社
地　　址：北京市西城区广安门南街甲30号（邮编：100053）
网　　址：www.citypress.cn
发行部电话：（010）63454857 63289949
发行部传真：（010）63421417 63400635
总编室电话：（010）68171928
总编室信箱：citypress@sina.com
经　　销：新华书店
印　　刷：上海美雅延中印刷有限公司
字　　数：112千字　印张：14
开　　本：787×1092（毫米）1/16
版　　次：2012年5月第1版
印　　次：2012年5月第1版印刷
定　　价：258.00元